LOCUS

LOCUS

from

vision

from 83 蘋果內幕

Inside Apple

作者：Adam Lashinsky

譯者：許恬寧

責任編輯：黃威仁

美術編輯：何萍萍

校對：黃暐勝

法律顧問：全理法律事務所董安丹律師

出版者：大塊文化出版股份有限公司

台北市105南京東路四段25號11樓

www.locuspublishing.com

讀者服務專線：0800-006689

TEL：(02) 87123898　FAX：(02) 87123897

郵撥帳號：18955675　　戶名：大塊文化出版股份有限公司

總經銷：大和書報圖書股份有限公司

地址：新北市新莊區五工五路2號

TEL：（02）89902588（代表號）　FAX：（02）22901658

製版：瑞豐實業股份有限公司

初版一刷：2012年8月

初版三刷：2012年9月

定價：新台幣 280元

Printed in Taiwan

Inside Apple
蘋果內幕

Adam Lashinsky 著
許恬寧 譯

目次

獻給我的母親瑪西雅、妻子露絲與女兒莉雅

蘋果核心

蘋果這個不尋常的組織，擁有不尋常的組織圖。最中間是執行長提姆・庫克（Tim Cook），其他誰該向誰報告則如圖所示。這個特別的架構，只是蘋果不同於衆家企業的一個小例子。這張圖來自平面設計師大衛・福斯特（David Foster）的發想，資料來源則爲本書作者的報導，以及蘋果對外公布的有限資訊。

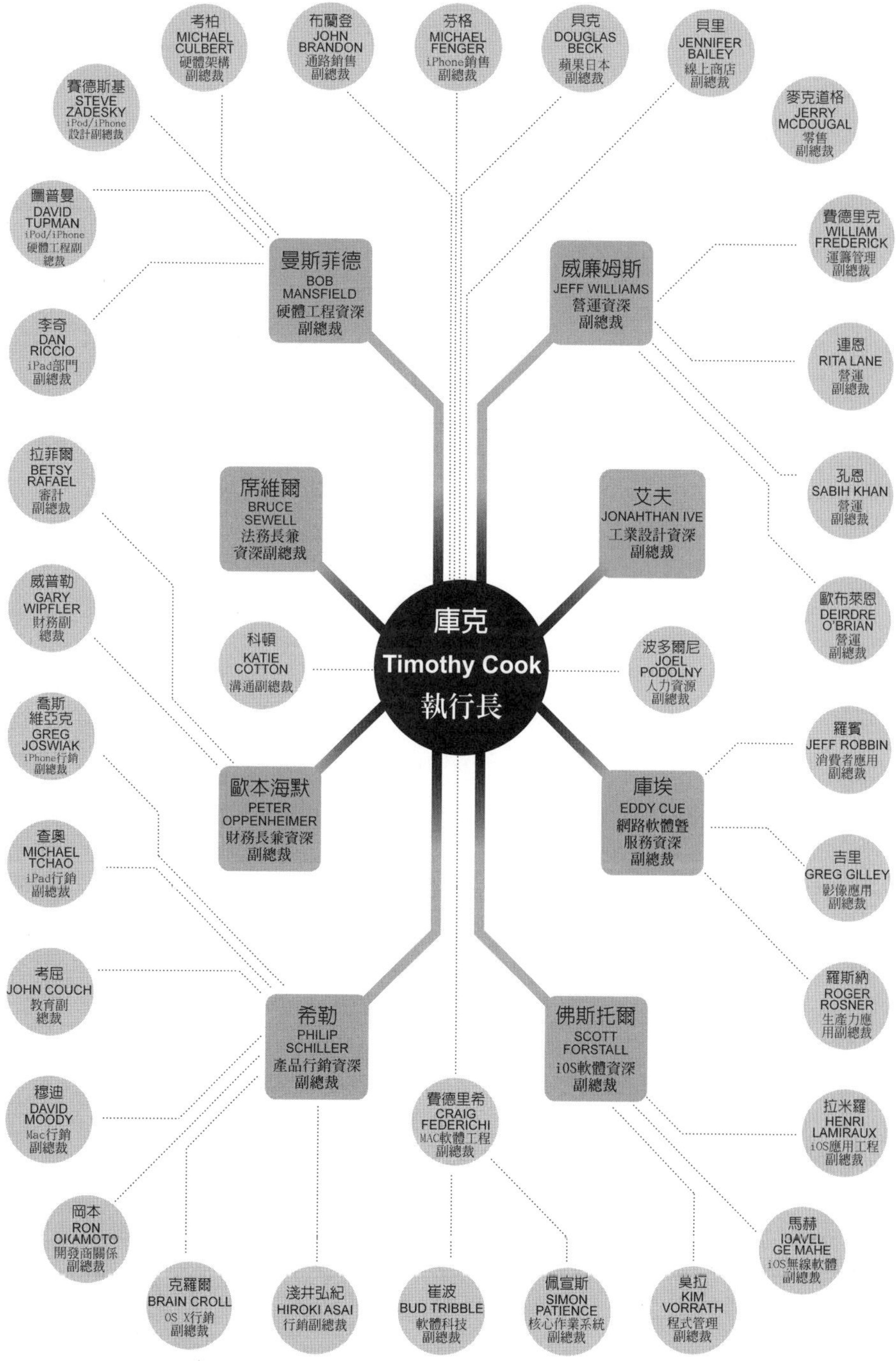

庫克 Timothy Cook 執行長
曼斯菲德 BOB MANSFIELD 硬體工程資深副總裁
威廉姆斯 JEFF WILLIAMS 營運資深副總裁
席維爾 BRUCE SEWELL 法務長兼資深副總裁
艾夫 JONAHTHAN IVE 工業設計資深副總裁
科頓 KATIE COTTON 溝通副總裁
波多爾尼 JOEL PODOLNY 人力資源副總裁
歐本海默 PETER OPPENHEIMER 財務長兼資深副總裁
庫埃 EDDY CUE 網路軟體暨服務資深副總裁
希勒 PHILIP SCHILLER 產品行銷資深副總裁
佛斯托爾 SCOTT FORSTALL iOS軟體資深副總裁
考柏 MICHAEL CULBERT 硬體架構副總裁
布蘭登 JOHN BRANDON 通路銷售副總裁
芬格 MICHAEL FENGER iPhone銷售副總裁
貝克 DOUGLAS BECK 蘋果日本副總裁
貝里 JENNIFER BAILEY 線上商店副總裁
麥克道格 JERRY MCDOUGAL 零售副總裁
賽德斯基 STEVE ZADESKY iPod/iPhone設計副總裁
圖普曼 DAVID TUPMAN iPod/iPhone硬體工程副總裁
李奇 DAN RICCIO iPad部門副總裁
費德里克 WILLIAM FREDERICK 運籌管理副總裁
連恩 RITA LANE 營運副總裁
孔恩 SABIH KHAN 營運副總裁
歐布萊恩 DEIRDRE O'BRIAN 營運副總裁
拉菲爾 BETSY RAFAEL 審計副總裁
威普勒 GARY WIPFLER 財務副總裁
喬斯維亞克 GREG JOSWIAK iPhone行銷副總裁
查奧 MICHAEL TCHAO iPad行銷副總裁
考屈 JOHN COUCH 教育副總裁
穆迪 DAVID MOODY Mac行銷副總裁
岡本 RON OKAMOTO 開發商關係副總裁
克羅爾 BRAIN CROLL OS X行銷副總裁
淺井弘紀 HIROKI ASAI 行銷副總裁
崔波 BUD TRIBBLE 軟體科技副總裁
費德里希 CRAIG FEDERICHI MAC軟體工程副總裁
佩宣斯 SIMON PATIENCE 核心作業系統副總裁
吳拉 KIM VORRATH 程式管理副總裁
馬赫 IOAVEL GE MAHE iOS無線軟體副總裁
拉米羅 HENRI LAMIRAUX iOS應用工程副總裁
羅賓 JEFF ROBBIN 消費者應用副總裁
吉里 GREG GILLEY 影像應用副總裁
羅斯納 ROGER ROSNER 生產力應用副總裁

1 打破常規的領導風格

二〇一一年八月二十四日那天，史帝夫・賈伯斯辭去蘋果執行長的位子。正在跟死神搏鬥的他，認爲該是自己離開工作崗位的時候了。賈伯斯參加了同一天的董事會，成爲董事會主席。這個新頭銜讓蘋果的員工、顧客跟投資人的心中產生了一絲希望，大家猜想或許賈伯斯會繼續留在蘋果發揮影響力，不會那麼快就完全離開。

產品是賈伯斯的最愛。那天他到公司的原因，是要親口告訴董事他要離開執行長的位子，但他也知道，那天他可以看到蘋果最新的產品。還有幾個禮拜，蘋果就要推出最新的 iPhone 了。這次 iPhone 搭載的人工智慧個人助理軟體 Siri，將會第一次跟世人見面。Siri 跟美國導演庫柏力克的經典科幻電影《二〇〇一太空漫遊》裡的超智能電腦 HAL 一樣，會回答問題。使用者問什麼，Siri 答什麼。二十五年前，賈伯斯加入電腦革命，希望藉助電腦的力量，改善人類的生活，Siri 讓賈伯斯初步實現當年的承諾。

當天在董事會上，蘋果的行動軟體負責人史考特・佛斯托爾（Scott Forstall）正準備向在場董事介紹 Siri，但賈伯斯打斷他的話，對他說：「手機給我。」賈伯斯要親自試一試這個語音秘書科技。佛斯托爾遲疑了一下。佛斯托爾一輩子都跟著賈伯斯，先是在 NeXT 工作，後來是蘋果。他是個很會製造戲劇效果的工程師，不但積極進取，富有領導魅力，而且跟賈伯斯一樣聰明過人。佛斯托爾會遲疑是有原因的：Siri 吸引人的地方，在於過了一段時間後，會熟悉主人的聲音，記憶他個人獨有的說話方式，如同棒球手套戴久了會合主人的手一樣。佛斯托爾正在介紹的那隻手機，熟悉的是佛斯托爾的聲音。基於種種理由，佛斯托爾不想把手機交給賈伯斯。賈伯斯容易發怒的脾氣眾所皆知，今天又是個讓人神經緊繃的日子，一個尚在最後完成階段的產品，馬上就要上市了。佛斯托爾對著一輩子從不是小心翼翼型的賈伯斯說：「小心，這支手機熟悉的是我的聲音。」

一如往常，賈伯斯不是個你可以說「不」的人。賈伯斯咆哮：「手機給我。」佛斯托爾連忙繞過桌子，把手機遞給賈伯斯。當初蘋果買下發明 Siri 科技的新創公司時，賈伯斯就是主事者。身體虛弱的他，先是問了手機幾個簡單的問題，接著又問了一個跟生物存在形式有關的問題：「你是男的，還是女的？」Siri 回答他：「您好，設計者沒有設定我的性別。」現場冒出笑聲，氣氛頓時輕鬆了一些。

Siri 的性別問題，或許的確讓那場緊繃的會議，有了輕鬆的時刻，但毫無疑問，賈伯斯一把抓住那台iPhone原型機的時候，佛斯托爾感到一陣心驚。眼前這一幕，恰恰說明了許多蘋果會成功的原因，也讓人看到，相較於絕大多數大家公認擁有良好經營模式的公司，蘋果跟別人很不一樣：蘋果這家龐大的企業把最好的人力，通通放在一個單一的產品上，而且產品的研發過程極盡保密之能事，手機所採用的技術與設計，反映出蘋果極度執著於細節。此外，這也是世人最後一次看到一位如此與眾不同的執行長。賈伯斯所擁有的人格特質，像是自戀、天馬行空，以及不顧他人感受，全都是一般社會視爲「負面」的特質。但這些眞的是負面的人格特質嗎？蘋果做生意的手法以及高層管理公司的方式，完全無視於多年來商學院的諄諄教誨。人們不禁要問，蘋果是獨一無二的特例，又或者蘋果風格是業界應該仿效的對象？

賈伯斯在公司做的最後一件事是檢視一支新的iPhone，這可以說非常具有象徵意義。四年前，蘋果重寫了智慧型手機的定義而稱霸市場。手機展現了蘋果與賈伯斯卓越的能力。iPhone在二〇〇七年問世。在那天來臨之前，賈伯斯讓全公司人仰馬翻，所有的心力都投注在iPhone上。依據賈伯斯的構想，iPhone將會是一項革命性的產品，不但擁有智慧型手機的便利性，還具備iPod儲存與播放音樂的功能。要把這兩項發明結合在一起已經夠不容易，但iPhone的挑戰還不止於此：最後的成品還必須擁有出色的外觀設計，讓挑剔的時尚迷能夠接受，而且軟體介面必須讓消費者輕鬆上手。此外，這支手機還必須擁有讓人眼睛爲之一亮的功能，讓人一看就發出「哇」的聲音（我個人認爲是觸控式螢幕，大家覺得呢？）。

董事會開會那天，iPhone 團隊已經精疲力盡，公司其他所有人也精神緊繃了很久。蘋果所有的部門，都必須放下手邊的事支援 iPhone。麥金塔（Mac）的軟體開發尤其受到影響，好幾個計畫被迫暫停；Mac 最新的作業系統研發進度落後，因爲負責寫程式碼的工程師被調去 iPhone 團隊。沒被選上參與 iPhone 計畫的員工則忿忿不平，他們的通行證在某些區域突然失效，因爲公司封鎖起來，只有 iPhone 的研發人員才能進出。蘋果所有的產品都生而平等，但有些產品硬是比別人平等。

一個精英中的精英就這樣被創造出來。爲了完成 iPhone 的研發，蘋果下了總動員令。蘋果的工程師用了一個軍事術語，形容蘋果產品上市前的研發過程：不顧人員死活的「死亡行軍」。

並不是所有的執行長都會要求自己最優秀的員工在假期也不眠不休地工作，而且視爲理所當然，但多年來賈伯斯都是這樣要求底下的員工，因爲 Macworld 貿易展每一年的展期，都訂在新年過後不久。對蘋果的員工來說，賈伯斯就像是神一樣。他在一九七六年的時候，跟好友史蒂芬・沃茲尼克（Stephen Wozniak）一同創辦蘋果電腦。一九八〇年初期，他帶領 Mac 的研發。到了一九八五年，他找來負責公司營運的執行長削減了他的權力，讓他憤而離開蘋果，但一九九七年的時候，他又以勝利的姿態重返，解救搖搖欲墜的蘋果公司。十年快過去的時候，蘋果成爲個人電腦產業最閃耀的一顆星。毫無疑問，賈伯斯就是那顆引領衆人的北極星。

就算蘋果的走廊上看不到賈伯斯的身影，大家還是可以感受到這位執行長的存在。沒錯，對於公司大部分的人來說，賈伯斯位於「無限迴圈路一號」（1 Infinite Loop，譯注：蘋果總部地址）的辦公室是禁區，但賈伯斯無所不在，他是蘋果生活的一部分。蘋果各部門的員工，經常可以在員工餐廳看到賈伯斯和強納森・艾夫（Jonathan Ive）聊天。艾夫是蘋果的設計長，也是賈伯斯的分身兼至交。員工會看到賈伯斯在園區裡走來走去，還會看到他把車停在建築物 II-1 前面。每當賈伯斯發表演說的時候，員工就跟一般大衆一樣興奮又期待，因爲他們可以得知公司正在朝哪個方向前進。賈伯斯不是隨便就能親近的人，一般的職員大概永遠不會跟賈伯斯開同一場會，但員工都相信，不管自己手上的工作是什麼，最後賈伯斯都會親自過目。所有東西最後都會交到賈伯斯手上，蘋果所有重要的產品，都有賈伯斯的影子。

第一支 iPhone 問世的前夕，賈伯斯正處於人生的顛峰，一切都在他的掌握之中。兩年前他切除惡性胰臟腫瘤後，似乎戰勝了癌症。賈伯斯很少透露自己的病情，只告訴大家他所罹患的胰臟癌類型不會快速致人於死。賈伯斯穿著每天都穿的黑色高領毛衣、Levi's 藍色牛仔褲、深色襪子加 New Balance 球鞋，臉上戴著一九六〇年代風格的圓形鏡片眼鏡，看起來健康又有活力，灰色的鬍子有點濃密，但修剪得剛剛好。五十二歲的賈伯斯，正是意氣風發的時候，好事一件接著一件發生。當時蘋果已經靠著 iPod 和 iTunes 音樂商店，重新打造音樂產業。那一年賈伯斯又以七十五億美元的價格，將手中第二順位的事業皮克斯賣給迪士尼，一舉成爲著名娛樂龍頭迪士尼最大的股東。他進入迪士尼的董事會，搖身成爲身價好幾十億美元的大富翁。

當時在整個科技產業，沒有人比賈伯斯更能預測未來。四年之後，蘋果已經從完成第一支iPhone，走到董事會上賈伯斯拿著擁有Siri功能的最新機型，但賈伯斯沒有問Siri一個非常重要的問題，因爲他知道人工智慧還沒有辦法回答這個大哉問：「我走了以後，蘋果會變成什麼樣子？」

矛盾的蘋果：違反所有的企管原則

iPhone的「死亡行軍」研發過程，正是標準的蘋果風格——看誰最得寵，關鍵資源會集中到執行長有興趣的產品上，工作時間十分沒有人性，但卻會讓人覺得自己在做一件重要的大事。還有任何一家年營業額達一千零八十億美元的公司，能夠在同樣的時間內，做到類似的豐功偉業嗎？大概是沒有，除非那些公司也有一個相信自己能改變世界的執行長，一位相信自己領導的公司能「在宇宙留下痕跡」的執行長。

賈伯斯在二〇一一年十月五日去世，享年五十六歲。他讓好幾個產業出現翻天覆地的變化，自己也因此享有盛名。賈伯斯至少讓四個產業掀起革命性的變化：電腦產業、音樂產業（透過iTunes Store和iPod）、電影產業（皮克斯是電腦動畫的先驅），以及通訊產業（iPhone）。賈伯斯年輕的時候，跟其他人一起寫下電腦產業的定義，而此時他正要迎接繼任者。賈伯斯過世前的幾個月，也就是他意氣風發地向世人介紹蘋果第二代iPad的時候，他宣稱「後PC時代」

已經來臨——電腦將不再限於桌電或筆電。賈伯斯所領導的蘋果，是一家產品全世界都曉得、但手法卻是最高機密的公司。

只要進一步了解蘋果，不管是蘋果的粉絲或蘋果的敵人，都會發現這是一家充滿矛盾的公司。蘋果的做法違反了企業管理數十年來的信條，就好像蘋果從不在乎商學院所教的東西一樣。事實上，蘋果的確是不在意。

業界目前的主流是走向透明化，但蘋果的做法卻是搞神秘。蘋果的員工不但沒有獲得充分授權，甚至只能負責非常特定的一小部分工作。賈伯斯在史丹佛大學二〇〇五年的畢業典禮上，發表了一場著名的演說。他要學生不要「被別人的意見干擾，造成自己內心的聲音被淹沒，要聽從自己的直覺」，然而蘋果自己的員工卻被要求服從命令，而不是提供意見。商學院告訴我們，「好的管理」必須授權給他人，但蘋果的執行長卻是大小事一手包辦。從公司每一則廣告的批准，到允許誰可以參加最高機密的度假會議，所有事賈伯斯都要插手。

另一個現代管理熱愛的效率原則也是蘋果嘲弄的對象：其他上市公司都不得不屈服於「獲利是王」、「季盈餘勝過一切」的原則，蘋果卻常常不管錢的事。事實上，相較於其他企業，蘋果很少理睬華爾街，似乎對於蘋果來說，投資人充其量就是「必要之惡」，甚至是煩人的東西。其他曾經靈活的科技公司，例如微軟、雅虎、網路服務公司ＡＯＬ、甚至是思科（Cisco），都覺得「僵化」是成長不可避免的副作用，但蘋果卻努力保有新創公司的活力。

許許多多公司都搶著登上《財星》（*Fortune*）雜誌每年評選的「最佳工作地點」排行榜，但別人爭先恐後的時候，蘋果甚至不是一個特別「理想」的工作環境（蘋果選擇完全退出競賽，根本沒有申請參加排行）。話又說回來，蘋果顯然做對了些什麼。事實上，自從賈伯斯在一九九七年回到加州庫比蒂諾（Cupertino，譯注：蘋果總部所在地）後，蘋果就很少做錯事情。二〇一一年下半年，蘋果公司已經大到跟艾克索美孚石油公司競爭誰才是全世界市值最大的公司。

如果蘋果眞的這麼行，它究竟是怎麼辦到的？Google是工作天堂的形象已經深植於大衆文化：**嘿，我可以穿睡衣去工作，一邊吃著桂格脆船長穀片，一邊跟其他工程師打打鬧鬧，腳底下同時還踩著滑板車呼嘯而過，哈哈！**相較之下，蘋果則是個在產品發表會上，所有高層主管的發言都經過精心排演的公司，很少人知道媒體鏡頭以外的蘋果長什麼樣子。

蘋果就是想要這樣。公司內部究竟如何運作是蘋果人迴避的話題。在私底下，主管們把蘋果公司的策略稱爲蘋果「秘密醬料」的配方。長期擔任營運長的庫克在二〇一一年八月（賈伯斯辭世前六個禮拜）成爲執行長，有一次在公開場合，一位華爾街的分析師問他蘋果公司的計畫程序，他回答：「那是蘋果魔法的一部分，我不想讓任何人知道我們的魔法，因爲我不希望有人能複製。」

雖然全世界都熱愛、欣賞蘋果的產品，但很少有人了解蘋果如何做出以及行銷這些產品。

要解答這個問題，最好先了解在蘋果工作究竟是什麼樣子——蘋果的領導者如何領導？公司如何讓技術小組互相競爭？蘋果幫員工安排的獨特職涯發展方式（或根本沒有職涯發展），又是怎麼一回事？在所有的企業，大家都要努力往前衝、往上爬，但蘋果不同，它衆多的中階主管辛苦工作多年後仍然待在同樣的位子，只有少數幾個受信任的子弟兵能夠逐漸浮上抬面，成爲公司下一個世代的領導人。

本書試圖溜進蘋果緊閉大門的世界，爲大家剖析它的神秘體制。不論是充滿抱負的創業人士、好奇的中階主管、眼紅的敵對公司執行長，或是希望自己可以將眼光化爲發明的創意人士，看了本書之後，將可了解蘋果的作業過程與習慣手法。如果說蘋果是有可能模仿的（這點沒人能保證），誰會不想試一試？要解決這個困難的挑戰，最合理的出發點將會是從了解賈伯斯開始。二〇一一年，賈伯斯在帕拉奧圖（Palo Alto）家中過世，但他的精神在未來幾年仍會繼續影響蘋果。要了解蘋果運作的方式，必須先了解賈伯斯的風格如何跟傳統認爲的執行長應有的樣子背道而馳。

矛盾的賈伯斯：熱愛矽谷，卻不是典型的矽谷人

史帝芬・保羅・賈伯斯（Steven Paul Jobs）改變了這個世界，但他是個典型的小鎮男孩。賈伯斯跟他創立的公司一樣充滿著矛盾：他既是個徹徹底底的郊區居民，但同時又是都市美學

家。他聲稱自己痛恨購物商場，但公司的第一家直營零售店（Apple (Retail) Store，編按：本書中有時簡稱蘋果商店或零售店）就開在購物商場裡。賈伯斯自從成年後，就像是個典型的通勤族，每天開車上班，待在公路比待在市中心自在。

一九五五年，賈伯斯生於舊金山。他的養父母先是把全家遷到加州山景城，後來又搬到洛斯阿圖斯，這兩個地方都是小鎮，位於聖塔克拉拉谷，後來則以「矽谷」一名聞名於世。賈伯斯進了庫比蒂諾附近的高中，從某個意義上來說，他從未離開那裡。曾有一段時間，他遊蕩於舊金山與聖荷西之間陽光普照、乾燥的地帶。當時那裡有衆多的新興國防科技公司，正在取代曾在他童年時散佈於地表上的杏樹與李子果園。賈伯斯曾短暫就讀於俄勒岡州的里德大學。里德大學學風自由，一九六〇年代的氛圍一直延續到七〇年代。賈伯斯有一陣子住在俄勒岡一個朋友的農場，後來因爲缺錢，回家替雅達利（Atari）電腦遊戲公司工作。在這些早期歲月，他擁抱嚴格的素食主義，旁聽了一堂字型課（他一生對於設計的執著，在此就露出端倪），還試圖在印度找尋自我，但後來又再一次回到家。多年後，賈伯斯買下可以俯視紐約中央公園的聖李蒙豪華公寓，但車庫的吸引力很強，在車庫裡創出事業的人抵抗力也很強：賈伯斯從來不曾成爲眞正的紐約上西區都會人。

賈伯斯是矽谷的熱情支持者。對於不在矽谷開公司，或是在矽谷以外的地方尋求發展的企業人士，他都懷疑他們的判斷力。像是一九九九年賈伯斯回去振興蘋果的初期，就表示了自己對迪士尼前主管傑夫・喬登（Jeff Jordan）的輕視：喬登的「問題」是他畢業於史丹佛大學，旁邊就是矽谷，「身處創業主義的震央」，卻連續爲了幾份工作而離開。另一個例子是十年後，有一次賈伯斯跟 Quattro Wireless 的執行長暨創辦人安迪・米勒（Andy Miller）正在談事情。Quattro 位於麻州的沃桑市（Waltham），是一家行動廣告公司，後來蘋果買下它，並把該公司的技術運用在蘋果的 iAd 上。賈伯斯對米勒說「你的公司在沃桑」時發音有誤，米勒試著糾正賈伯斯，但賈伯斯打斷他的話，繼續用錯誤的方式念這個地名，並且告訴米勒：「我不在乎。你知道沃『森』有什麼東西嗎？什麼鬼東西都沒有。」

其他不少科技業巨人來到了賈伯斯成長的地方。英特爾的安迪・葛洛夫（Andy Grove）生於匈牙利，甲骨文的共同創辦人賴瑞・艾利森（Larry Ellison）則生於芝加哥。Google 的賴瑞・佩吉（Larry Page）和謝爾蓋・布林（Sergey Brin）分別來自密西根與俄國。賈伯斯去世時正在矽谷閃亮的新星馬克・札克柏格（Mark Zuckberberg）生於紐約郊區，並在哈佛大學宿舍創辦了臉書。這些人來自世界各個角落，但後來都往矽谷聚集。賈伯斯很年輕的時候，就已經在矽谷建立人脈。他很喜歡講他打電話給鄰居威廉・惠烈（William Hewlett）的故事。賈伯斯十三歲的時候，曾經想要組一台「頻率計數器」，於是打電話給惠烈要一些零件。惠烈是惠普公司（Hewlett-Packard, HP）的共同創辦人，也是早期從矽谷車庫開始創業的人士。惠烈給了賈伯斯零件，還給他暑期打工的機會。

賈伯斯也許待過矽谷沒錯，但他並不是百分之百的典型矽谷人。賈伯斯對於科技瞭若指掌，但他沒有接受過正式的工程師訓練。他對電腦夠狂熱，可以跟好友沃茲尼克一起出入「自組電腦俱樂部」（Homebrew Computer Club）。沃茲尼克是一九七〇年代「科技怪胎」的化身，而賈伯斯則很早熟，在女人面前充滿自信，他有了些錢之後，穿衣服就時髦了起來（這件事發生在他開始每天都穿同樣的衣服之前）。此外，賈伯斯還是個精明、刻薄的生意人。換句話說，他擁有工程師缺乏的一切特質，但他了解科技，能夠告訴工程師，他想要爲潛在的消費者研發什麼樣的產品。

沃茲尼克在一九七六年研發出「蘋果一號」（Apple I），蘋果電腦就此誕生。沃茲尼克組電腦的原因，只是想要在社團朋友面前炫耀而已，但擁有生意頭腦的賈伯斯，則看見這台機器有更大的市場。「蘋果二號」（Apple II）在一九七七年問世，一下子就銷售一空，讓蘋果在一九八〇年就在納斯達克上市。沃茲尼克和賈伯斯這兩個年輕的創始人，搖身一變成爲百萬富翁。蘋果越變越大後，沃茲尼克很快就失去興趣，賈伯斯接掌了公司。小夥子賈伯斯決定找年長人士來負責管理，他先是聘請了麥克・馬庫拉（Mike Markkula）與麥克・史考特（Mike Scott）等經驗豐富的矽谷專家，一九八三年又請來百事可樂總裁約翰・史考利（John Sculley），好讓矽谷投資人安心，也就是所謂「有大人的監督」。

賈伯斯則負責監督麥金塔的研發。當時全錄公司（Xerox）在帕拉奧圖有一間PARC研發實驗室，賈伯斯注意到這個矽谷鄰居的創新技術，並把那個技術用在麥金塔上，讓麥金塔成爲當時革命性的電腦。麥金塔配備「滑鼠」與「圖形使用者介面」（graphical user interface, GUI），讓一般使用者也能自己調整螢幕上的大小、字型和顏色。麥金塔從此改變了電腦產業。然而，業績下滑之後，史考利讓賈伯斯「榮升」副總裁的位置。結果賈伯斯選擇自我放逐，不願意接受一份坐領乾薪而無實權的工作，在一九八五年的時候跟蘋果說再見。

不論是在專業能力或私人家庭生活方面，賈伯斯在外遊蕩的幾年，正是他最重要的成長期。在那段期間，他創立了高科技電腦公司 NeXT，初期專注於教育市場。NeXT 從來沒有眞正縱橫過市場，但卻給了賈伯斯第一次當執行長的經驗。賈伯斯從一個動不動就咆哮的管理者，變成了一個比較有技巧的人才培養者：好幾個他在 NeXT 時代的高階主管，最後成爲他讓蘋果復活的重要班底。一九八六年，賈伯斯在導演喬治・盧卡斯（George Lucas）的電腦繪圖公司上投資了一千萬美元，這家公司就是後來的皮克斯。有十年的時間，皮克斯經營過各式各樣的事業，譬如賣過昂貴的工作站級電腦，最後才以電腦動畫站穩腳步。一九九五年電影《玩具總動員》上映之後，皮克斯一夕成名，很快成爲上市公司，幫賈伯斯賺了人生第二筆大財富。

賈伯斯也就是在離開蘋果的這段期間，從一個黃金單身漢（雖然仍然過著苦行僧的生活）變成享受家庭生活的人。他曾經跟美國女歌手瓊拜雅（Jcan Baez）與作家珍妮佛・伊根（Jennifer Egan）各交往過一段時間。一九九〇年時，他受邀到史丹佛商學院演講，有個叫蘿琳・鮑威爾

（Laurene Powell）的學生讓他眼睛爲之一亮，於是向她自我介紹。隔年兩人就結婚，然後在離史丹佛不遠的帕拉奧圖的一條安靜街道上，養大了三個孩子。賈伯斯的家庭生活再次展現了他是個矛盾的人。在工作領域，他是世界知名的企業家，但他住在一個沒有警衛、沒有高聳大門、也沒有人工草坪的地方。他那棟都鐸式房子外的地上，長著加州罌粟和蘋果樹。鄰居都知道，只要賈伯斯在家，他的銀色 SL55 AMG 賓士轎車就會停在外面。賈伯斯成功地讓妻兒不受外界干擾。他的太太蘿琳除了主持一家教育慈善機構，也是非營利組織「爲美國而教」（Teach for America）的董事（《賈伯斯傳》的作者艾薩克森也是這家機構的董事）。蘿琳曾在投資銀行任職，偶爾也會在公衆場合演講。他們的兒子里德是史丹佛大學的學生，賈伯斯臨終前，夫婦倆說服一位老鄰居搬到不遠的地方，然後買下這鄰居的房子，讓里德可以跟幾個朋友住在父母隔壁，就近照顧病危的賈伯斯以及妹妹艾琳和伊芙。

在工作上，賈伯斯以時而粗暴、時而迷人著稱。面對鄰居的時候，賈伯斯也給他們同樣的極端待遇。住在賈伯斯家附近的艾芙林・李查德（Evelyn Richards）回憶，有一次她讓女兒到賈伯斯家推銷女童軍愛心餅乾：「當時是賈伯斯親自應門，但他告訴我女兒，他絕不會買任何餅乾，因爲餅乾裡含很多糖，不是什麼好東西。」賈伯斯的鄰居常常看到他跟常人一樣在附近散步，身邊不是太太，就是好友兼蘋果董事比爾・康貝爾（Bill Campbell）。此外，賈伯斯也跟一般人一樣參加鄰里聚會。李查德回憶，在二〇〇七年的美國國慶日，街坊辦了一場派對，那是蘋果正式銷售 iPhone 的幾天後。在派對上，只要有人有興趣，賈伯斯就會熱心介紹 iPhone。那天派對留下的一張照片，正好可以讓世人清楚看到賈伯斯工作以外的一面：他頭戴棒球帽，身穿長袖白襯衫和藍色牛仔褲，腰間圍著一件法藍絨上衣。他正在對一個人展示 iPhone，看起來像是在炫耀新買的科技產品，跟帕拉奧圖的普通父親沒兩樣。

一九九七年後的大變身

如果說權力使人腐化，那麼成功則會使人強化：成功會讓領導人的特質更為突出。賈伯斯進入事業最後一個高峰的時候，他許多矛盾的個人特質也成為蘋果公司的管理方式。蘋果的「賈伯斯式大變身」，在一九九七年正式登場。

前一年的十二月，搖搖欲墜的蘋果買下 NeXT。蘋果在外流浪的浪蕩子兼創辦人賈伯斯以「科技顧問」的身分回到了蘋果。NeXT 的軟體成為新麥金塔作業系統的基礎。接下來的七月，蘋果開除了執行長吉爾・艾米里歐（Gil Amelio）。蘋果從前兩任執行長史考利與麥克・史賓德勒（Michael Spindler）開始，現金部位就不停下降。曾任美國國家半導體（National Semiconductor）晶片事業主管的艾米里歐也沒有辦法止住這種大失血。

蘋果這顆耀眼的巨星正在殞落，即使有好消息，也只會讓人更加看到它的弱點。一九九七年八月六日，蘋果宣佈微軟將提供一筆一億五千萬美元的投資。這筆錢的確扶了蘋果一把，但對於蘋果來說，微軟投資的眞正價値，在於承諾將會至少再爲麥金塔研發五年的辦公室生產力軟體。那年夏天，蘋果的市佔率萎縮到許多軟體根本不出 Mac 版本。網路媒體公司 CNET 認爲微軟此舉「救不了什麼，只不過是一種公關而已」。畢竟微軟也不希望蘋果完蛋，要是蘋果眞的跟世人說再見，微軟將成爲反托拉斯官員眼中的壞蛋。專門追 Windows 產品的同一位 CNET 電子報作家說：「這次的投資，仍然不會讓蘋果擁有能起死回生的緊密的公司策略。」

然而，在世人看不到的地方，賈伯斯正在執行絕地大反攻計畫。蘋果在一個月後宣佈，找到適當的執行長人選之前，賈伯斯將擔任臨時執行長。但要到三年後，蘋果才讓賈伯斯成爲正式執行長。在那之前，公司總部都叫賈伯斯是蘋果的「iCEO」。這個名稱拉開了序幕，之後蘋果產品的命名方式，很多都是字母 i 加上一個名詞。不管是臨時還是正式，賈伯斯已經忙著要將四分五裂的公司再度拼起來，讓蘋果能夠重生。當時艾夫已經在蘋果的設計實驗室工作，賈伯斯慧眼識英雄，把一項計畫交到艾夫手中。後來那項計畫變成五顏六色的 iMac：一系列顏色半透明、一體成型的電腦，看起來就像連著鍵盤的透明電視。接著賈伯斯又雇用庫克，大幅整頓蘋果過於龐大、正在解體的供應鏈。庫克是企業營運奇才，先前曾爲康柏（Compaq）與 IBM 效命。

接下來，蘋果捨棄了大量不賺錢的非核心產品，像是手持式個人電腦「牛頓」（Newton），以及跟對手產品沒兩樣的印表機，加上 iMac 銷售成功，讓蘋果重新站穩腳步。賈伯斯讓蘋果回歸正軌，蘋果即將從專門領域的小衆開拓者，成爲擄獲全球人心的世界第一。蘋果在二〇〇一年開了第一家零售店，一開始店裡只賣 Mac，後來產品越來越豐富，包括一系列 iPod，有 iPod Mini、iPod Nano、iPod Shuffle 與 iPod Touch。二〇〇三年，蘋果推出 iTunes Store，讓消費者可以在自己的蘋果產品上購買歌曲音樂，後來還可以下載電影和電視節目。到了二〇一〇年蘋果推出跨時代的 iPad 時，蘋果零售店裡已經擺滿了自家產品以及衆多的第三方配件。

就在這一陣創意能量爆發之中，蘋果的執行長第一次落入病魔手裡。二〇〇三年的時候，醫生告訴賈伯斯他得了一種罕見的胰臟癌，及早治療就可痊癒，但賈伯斯一直等到二〇〇四年才切除腫瘤，那是他第一次請假。手術過後，賈伯斯度過了一段健康的歲月，iPhone 誕生，iPad 也成形了。但後來蘋果的觀察家發現了不對勁，因爲二〇〇八年六月，賈伯斯出席蘋果開發商大會的時候骨瘦如柴。隔年他宣佈要再度離開一陣子，這次他要進行肝臟移植手術。二〇〇九年中，賈伯斯重返工作崗位，但再也沒有恢復一年前的體重。

二〇一一年六月七日，賈伯斯出席庫比蒂諾市議會的會議，那是他最後一次公開露面。當時蘋果預計要在庫比蒂諾蓋一棟可以容納一萬兩千人的新總部，部分的建築將蓋在蘋果從日益萎縮的惠普手中買來的土地上。庫比蒂諾長大的賈伯斯在充滿敬畏的鄉親面前，大談希望讓自己的公司可以繼續向庫比蒂諾繳稅，還特別提到那塊預定地的歷史（賈伯斯提醒大家，蘋果過去是庫比蒂諾最大宗的稅收來源，如果蘋果不得不搬到山景城的話，那就太可惜了）。賈伯斯在這次的簡報中，再次展露他個人舌燦蓮花的長才：他用清楚的投影片，提出令人信服的重點，讓議會相信他的計畫健全可靠。此外，他還動之以情。他告訴議會，目前惠普一百五十英畝（譯注：約十八萬三千多坪）的電腦系統部門所在地上，曾經植滿了杏樹。他會知道這件事，是因爲他就在那附近長大，然而現在那裡只有百分之二十的面積做了環境美化，其餘太多、太多的地方都鋪了柏油。蘋果不一樣，蘋果計畫要大幅增加環境美化的面積，包括在原本有三千七百棵樹的土地上，多替六千棵樹提供一個家。賈伯斯告訴市議會：「我們從史丹佛聘請了一位樹藝師。」而且那位樹藝師是地方原生植物的專家。這位在庫比蒂諾土生土長的執行長非常清楚，自己將活不到新總部落成的那一天，但他告訴議會：「我們想要種一些杏樹。」

有生產力的自戀者

史帝夫．賈伯斯去世的時候，媒體不斷討論他有多與眾不同。觀察家在比較的時候，常會回顧早期的歷史人物，像是充滿神秘光環的發明家，或是大眾關注的焦點人物，其中又以愛迪生與迪士尼最常被拿來舉例。賈伯斯的確是個獨特的人，但他同時也是某種很典型的人，是心理治療師和企業教練麥可．麥考比（Michael Maccoby）所說的「有生產力的自戀者」（productive narcissist）。

二○○○年，麥考比在《哈佛商業評論》上發表了一篇很有見地的文章，他借用心理學家佛洛伊德的術語，描述三種他在企業裡觀察到的主管：「情慾型」的主管（erotics）會感覺到「被愛」與「價值共識」的需要，因此不是天生的領導者。這類型的人認爲，管理者的工作是分配任務，然後從良好的工作績效中得到讚美。「強迫型」的主管（obsessives）則是照規矩來的人，他們善於策畫，可以讓每班車準時發車。有效率的物流主管、利潤導向的財務分析人員，都是典型的「強迫型」人員。然而，企業史上的偉大人物卻是那些「有生產力的自戀者」。他們擁有願景，願意冒險，急切地想要「改變世界」。企業自戀者是深具魅力的領導者，爲了贏，願意付出一切代價，至於別人喜不喜歡他們，他們根本就不在乎。

賈伯斯是非常典型的「有生產力的自戀者」。每個人都知道，要是他覺得別家公司沒什麼，他就會把那些人說成「笨蛋」。他底下的主管都要忍受「笨蛋或英雄」的心理雲霄飛車：在賈伯斯的口中，你會一下子是大英雄，一下子又是大白癡，而且常常發生在同一場漫長的會議之中。賈伯斯將藝術家的眼光帶進了電腦科學的世界裡。他的偏執打造了一間跟美國中情局一樣神秘的公司。賈伯斯創造了沒有任何人曾經預見的未來，上個世紀的企業家中，可能沒有人能超越他。

蘋果的許多經營方式都跟數十年來人們接受的企管知識背道而馳，賈伯斯的領導方式只是本書衆多例子中的第一例而已。管理專家吉姆・柯林斯（Jim Collins）不久前與莫頓・漢森（Morten T. Hansen）合著了一本書《選擇卓越》（*Great By Choice*），他們在講到提供股東絕佳報酬的公司時，舉了微軟當例子，沒有舉蘋果（而且他們分析的企業資料只到二〇〇二年，當然更會得到這個結論，因為微軟這顆亮眼的星星才開始黯淡、蘋果才正要發光）。另外，這些年來，企業的潮流是授權給員工。柯林斯在早年的經典作《從A到A+》中大力提倡謙卑的「第五級領導人」，也就是主管應該跟下屬分享成果並且委派責任。在柯林斯的企業世界，上對下與下對上應該是一樣的。優秀的領導者不該是暴君，而應該擁有同理心，理解下屬的感覺。

賈伯斯的做法跟這套理論背道而馳。他事事都要插手的程度讓人瞠目結舌，甚至連組織裡非常低的層級他都要管。曾經在蘋果工作的一位員工回憶，有一次一個新產品即將上市，他負責寫電子郵件發佈這則消息給蘋果的客戶。賈伯斯把大家都找來，反覆推敲那封信的標點要怎麼下才好。這位已經離職的員工回憶：「不管是什麼事，對他來說，第一輪的討論一定不夠好。」賈伯斯站在權力高峰的時候，除了親自負責行銷事務，也親自監督產品的研發。每個併購案的大小細節他都要參與，每個禮拜還要跟蘋果的廣告公司會面。病魔迫使他放慢腳步之前，所有蘋果公開的活動都只有他一個主角，不論那是新產品發表或專題演說。而推出新產品時，如果需要接受媒體專訪，賈伯斯會是蘋果主要的代言人，有時候甚至是唯一的發言人。

這種領導方式用在其他公司且成功的例子沒有幾個。但應該要成功嗎？執行長不該是大混蛋，不該讓員工哭，不該把團隊的優秀貢獻通通據為己有。但即使是蘋果的資深主管也只能默默接受。在賈伯斯的聖壇上，所有人都必須拿掉光環。艾維・特凡尼安（Avie Tevanian）在一九九〇年代晚期與二〇〇〇年代初是蘋果的資深軟體主管，他回憶二〇〇四年，有一次在公開場合提到新一代 Mac 作業系統的預計研發時程。特凡尼安覺得他並沒有說出什麼有問題的話，他只是證實了那次推出新 Mac 的時間會比上次久一點，而這是大家早就知道的事。他說：「史帝夫打了一通電話給我，非常嚴厲地質問：『爲什麼你要講那種話？我們並沒有要發佈什麼新聞，你不該說出那些話。』」在那之前，雖然特凡尼安是蘋果最高階的主管之一，但他很少在公開場合說話。在那之後，他更是幾乎不發言，完全符合賈伯斯的期望。

獨佔所有鎂光燈的人會招來怨恨，賈伯斯正是這樣的領袖。史丹佛商學院教授羅伯・蘇頓（Robert Sutton）有一本著作叫做《拒絕混蛋守則：如何讓混蛋小人退散，並避免成為別人眼中的豬頭渾球》，他在書中第六章提到，賈伯斯的確擁有一個「混蛋的優點」，不過他說其實原本並不想寫那一章。書裡寫著：「有時候，賈伯斯的全名似乎是『混蛋史帝夫・賈伯斯』。我在 Google 上把『史帝夫・賈伯斯』和『混蛋』拿來一起搜尋，結果跑出八萬九千四百筆的結果。」

蘇頓開完玩笑後，他接下來得出的結論跟麥考比的佛洛伊德分析是一樣的。蘇頓認爲，除了「授權式」的領導特質，或許今日的人們也接受另一種領導模式。蘇頓的言外之意是，賈伯斯也許是混蛋沒錯，但他是個很會做事的混蛋。蘇頓在書中提到，曾經替賈伯斯工作的人告訴他：

賈伯斯是他們見過最有想法、最果決、最有說服力的人，他的確讓跟他一起工作的人，能夠發揮不可思議的成效與創意。這一切都顯示，雖然賈伯斯愛亂發脾氣又愛亂罵人，讓身邊的人都快瘋了，很多人都離開他，但他之所以會成功，人格特質的確扮演了相當重要的角色，特別是他追求完美、努力不懈想要做出美的事物這點相當重要。即使是最討厭賈伯斯的人也問我：「賈伯斯不就證明了有的混蛋值得人們為他做事？」

賈伯斯堅持就算是最小的事也要插手，早在蘋果成立之初，他就採取這樣的做事方法。麥可・莫瑞茲（Michael Moritz）在一九八四年的重要著作《蘋果電腦的私家故事》（*The Little Kingdom*）是寫蘋果早期的故事，他描述賈伯斯如何爲達目的而無所不用其極。莫瑞茲寫道：「有一次ＩＢＭ的售貨員送去一台 Selectric 打字機，打字機是藍的，不是賈伯斯指定的淺色，結果賈伯斯就抓狂了。另外還有一次，一家電話公司沒有裝他指定的象牙色電話，結果他就一直客訴，直到對方過來把電話換好。」早期的時候，賈伯斯會跟最小咖的售貨員討價還價個沒完，而且通常不是用很和善或很禮貌的方法。蘋果的老會計蓋瑞・馬丁（Gary Martin）告訴莫瑞茲：「他會用盡一切方式取得最低的價格。他會打電話給他們說：『那個價錢不夠漂亮，你們最好給我重新報價。』我們都問他：『你怎麼能那樣對別人？他們也是人。』」

賈伯斯不僅是自戀狂，還是偏執狂，而且除了自己以外，他也讓底下的人跟他一樣對細節偏執。賈伯斯要求事情一定要按照他的方式去做，而且會檢查他的意志是否眞的得到貫徹。他的這項人格特質養成了蘋果偏執的企業文化，讓人想到趾高氣揚的交響樂團指揮。曾經擔任產品行銷經理的麥可·海立（Michael Hailey）回憶：「蘋果的領導架構是蘋果欣欣向榮的原因。蘋果擁有一個有願景的領導者，還擁有一群那個領導者完全信任的人。那群人擁有高超的能力，讓領導者的願景能夠成眞。從第一個步驟到最後一個步驟，賈伯斯會通通參與，確保每件事都符合他的想像。他會一一核對最小的事，這就是爲什麼蘋果很有紀律。」

賈伯斯是蘋果的校長兼工友。員工會小心翼翼、再三思考後才提出點子，然後賈伯斯會從中選出一個。曾經見識過賈伯斯決策過程的員工，總是讚嘆這位執行長擁有一種特殊的能力：他常常「都是對的」。費德里克·范強森（Frederick Van Johnson）在二〇〇五年前後幾年擔任蘋果的行銷人員，他說一份產品計畫被送到賈伯斯面前的時候，賈伯斯通常會有幾種反應：「他會看著那份計畫，然後說：『好，很好，就這麼辦吧。』但他也有可能會說：『爛透了，回去重擬一份。公司怎麼會讓你這種人待在這裡？』另外他也可能會說：『你的計畫還不錯，但還要再加上ABCDEFG……』他可以看到別人看不到的東西。你知道的，他是賈伯斯。他會對你說：『你知道的，人們對於這種東西非常感興趣。』然後你心裡會想：你究竟怎麼知道的？你眞是對極了。他不是在胡扯，他就是知道一些大家看不到的東西。」

賈伯斯的執行長風格在未來的幾年，仍然會影響著蘋果，因爲他讓公司的每一個角落都充滿他的做事方法。賈伯斯不願意照著別人的規矩走，結果蘋果的員工也有樣學樣，不照著生意夥伴的規矩走。賈伯斯對下屬殘忍無情，蘋果也順理成章養成毫不留情、恃強欺弱、要求嚴苛的企業文化。在賈伯斯的領導下，蘋果上上下下充滿著恐懼和恫嚇的文化。如果說一位自戀型領導者的特徵，就是不在乎別人喜不喜歡他，而且會爲了贏，願意承擔極大的風險，那麼他的下屬也會是如此。一位曾跟蘋果很多主管打過交道的人士認爲，簡單來說，蘋果的企業文化就是「高績效的團隊應該掐緊彼此的喉嚨」。「要是沒有每個人都奮力維護自己的立場，你就不會得到一個對的折衷方案。」蘋果內部的爭論刀刀見血、毫不留情，因爲從最上頭的老闆就是這樣，這是他們企業文化的一部分。

所有賈伯斯請進公司的人，都要承受這樣的刀光劍影。傑夫・喬登（Jeff Jordan）是一位創投家，他擔任過 eBay、PayPal 與新創公司 OpenTable（餐廳訂位網站）的資深主管，也待過迪士尼，後來又進入影視零售商好萊塢娛樂公司。一九九九年的時候，喬登曾經爲了一份皮克斯的工作，接受過賈伯斯的面試。喬登回憶，那次賈伯斯邀他到一家叫做「烘焙師」的餐廳共進早餐，那是高級的義大利鄉村餐廳，位於帕拉奧圖市區的花園廣場飯店。喬登抵達時，餐廳後方的區域空無一人，他坐下等賈伯斯。賈伯斯遲到了，穿著T恤和褪色的運動短褲走進來。喬登回憶起這場十年前的面試，口吻像是他職場生涯最難忘的一次經歷：「服務生幫賈伯斯拉椅子，然後馬上放了三杯柳橙汁在他面前。」賈伯斯一開口就攻擊喬登過去的專業表現：「迪士尼商店爛透了，他們沒有一次擺對我的皮克斯產品。」喬登幫自己辯護，解釋爲什麼他覺得迪士尼商店並不爛，結果賈伯斯突然改變話題，「過了幾秒鐘，他把臉湊向我說：『我們來談談皮克斯的工作。』」（賈伯斯有一個出名的特色，就是他會同時進行很多件事。當時他把喬登找去討論皮克斯的工作，但其實也是在爲另一份工作物色人選：他正在找人管理蘋果尚未對外公布的蘋果零售店。）喬登開始弄清楚狀況了。這是賈伯斯一貫的手法，他會虛張聲勢，但同時也是眞心誠意在談。「就在那一瞬間，他整個人的語調都不一樣了。我發現剛剛的咄咄逼人只是一場壓力測試，這是一種很有效率的方式，可以快速篩選合適的人選。」

待人粗魯也是賈伯斯的招牌特色。另一個接受過賈伯斯面試的主管回憶，他提出蘋果應該販售音樂的時候，賈伯斯嗤之以鼻。那個時候 iPod 已經造成了一股不小的旋風，但使用者沒有方便的管道可以購買歌曲。賈伯斯在跟這位主管談話時，堅持主張蘋果不需要賣音樂，但不到幾個月，他就宣佈蘋果將推出 iTunes Music Store。不曉得這是賈伯斯預先設計好的，還是說這就是賈伯斯的風格，他會故意刁難面試者，測試對方能否應付蘋果強悍的企業風格；而且如果這位面試者進入了公司，那也不會是他的點子最後一次被賈伯斯強力抨擊。

嬉皮成了救世主

賈伯斯早年曾經是吸食毒品的嬉皮和苦行者，而且非常需要好好洗個澡（譯注：賈伯斯早年認爲自己吃素不會有體味，因此不常洗澡）。但即使在那個時期，他在蘋果的表現已經可以看出他極富魅力的人格特質：他不但讓人聯想到自戀者，也讓人想到救世主。公司裡的人叫他ＳＪ（他名字 Steve Jobs 的縮寫）。早在一九八六年的時候，《君子》雜誌拍過一張賈伯斯的照片，背景是他剛成立的電腦公司 NeXT，標題寫著「救世主史帝夫‧賈伯斯二度降臨」。報導作家艾倫‧多伊奇曼（Alan Deutschman）在他二〇〇〇年的書就用了同樣的基督教意象當書名，內容是寫蘋果剛剛開始重生的故事。再過幾年，人們更是喜歡把救世主這個隱喻用在賈伯斯身上。二〇〇九年的時候，大家太過期盼蘋果的 iPad，於是有一些部落格作家將這個還沒上市的產品稱爲「救世主板」（Jesus Tablet）。iPad 正式上市後，《經濟學人》在雜誌封面上放了一張賈伯斯的合成圖，把他畫成耶穌的樣子，頭上有金色的光環，標題寫著：「賈伯斯之書：信望愛與蘋果的 iPad」（Book of Jobs: Hope, Hype and Apple's iPad）。

蘋果處處充滿賈伯斯的精神。絕大多數的大型科技公司都靠著大量併購來維持成長，思科、ＩＢＭ、惠普與甲骨文是最好的例子，它們都是併購機器。蘋果正好相反。在過去十年裡，蘋果一共只宣佈過十二次的併購案，而且沒有一個案子的金額超過三億美元。有一個原因在於，因併購案而加入蘋果的員工沒有接受過蘋果嚴格的篩選與訓練。要讓叛教徒和不信神的不可知論者都融入蘋果的文化、成爲眞正的信眾，並不是一件簡單的事，因此蘋果的執行長極度重視每一次的併購案，即使金額不大也一樣。蘋果在二〇〇九年十二月以二億七千五百萬美元買下廣告公司 Quattro Wireless。對蘋果來說，這是一筆金額不是很大的交易。拉斯・奧爾布萊特（Lars Albright）是 Quattro Wireless 的創始人之一，也是該公司事業發展部的資深副總裁，他回憶賈伯斯在那場併購案中的角色：「我們談了一陣子之後開始弄清楚，在蘋果，賈伯斯說了算。他們總是一直說『我們要回去跟賈伯斯確認』、『賈伯斯也要加入討論』，我們本來一直以爲那只是蘋果的談判手法，但確實，每一個重要的步驟，他們都要跟賈伯斯簡報，然後賈伯斯都會給意見，由他來定調。」

蘋果在跟別的公司達成協議之前，賈伯斯通常都會跟對方的執行長坐下來長談。與其說這是一種必要的併購談判策略，不如說是賈伯斯想要感受一下他得到了什麼樣的人才。某位曾因爲併購案而進入蘋果的前員工說：「公司充滿著『賈伯斯崇拜』。人們開口閉口都是：『是這樣的，賈伯斯希望這樣，賈伯斯希望那樣。』公司裡每天大家都會說『賈伯斯』怎麼樣怎麼樣，其中有一些『怎麼樣』必須馬上執行。」

有的主管會直接用書面的方式，把這套「賈伯斯說什麼」變成辦公室的標準流程。一位離職員工說：「如果你想搞定一件事，最簡單的方法就是寫一封電子郵件，然後主旨欄要寫『賈伯斯指示』。如果你看到一封電子郵件寫著『賈伯斯要求……』，你一定會特別注意那封信。」如果一家企業有著富有魅力的領袖，而且那個領袖無所不在，讓人隨時感受到他，整間公司都加緊腳步跟著他，就會出現這樣的現象。一位也是因爲併購案加入蘋果的主管，在那裡待了一陣子，他也說：「你可以隨便問公司裡的人賈伯斯要什麼，他們都會告訴你答案，雖然之中有九成根本沒見過賈伯斯。」

「要就做，要就不做，沒有試試看這種事。」

蘋果的員工喜歡講「賈伯斯故事」，像是怎麼樣在電梯裡遇到他、那個時候有多緊張，或是賈伯斯出現在公司餐廳時他們如何慌忙閃躲。賈伯斯自己就是說故事的大師。多年來他都喜歡用寓言傳遞教訓，告訴蘋果員工每個人的責任。在這一點上，賈伯斯跟那些「改變世界」的人再次有雷同的地方。根據不只一個人的回憶，賈伯斯會對蘋果每位剛上台的副總裁講同一則賈伯斯寓言，他會一人分飾兩角，描述他跟他辦公室清潔工的一次對話。

那則寓言的開頭是，賈伯斯發現一件奇怪的事：最近他蘋果辦公室裡的垃圾桶都沒有人幫忙清。有一天他剛好工作到很晚，所以直接質問清潔工這件事。有權有勢的大執行長問：「你爲什麼不清我的垃圾桶？」清潔工的聲音在顫抖：「嗯……賈伯斯先生……鎖換了，沒有人給我新鑰匙。」賈伯斯在表演這則寓言的時候，他會告訴你他聽到答案後鬆了一口氣，這個神秘的事件有了解釋，他的垃圾會一直沒清是有原因的，而且要解決這件事很容易：給清潔工鑰匙就可以了。

故事說到這裡的時候，賈伯斯會向剛成爲副總裁的人（或是偶爾需要被再次提醒的副總裁）

揭曉寓意。他的眼睛會直視著主管，不再假裝自己在跟清潔工對話。「你是那個清潔工的時候，你可以有理由。但當你的職位介於清潔工與執行長中間，就再也不能找理由。你現在是副總裁，沒有回頭路了。」賈伯斯常說，如果蘋果再度回到先前糟糕的財務表現（當然，這種事已經好多年沒發生過），他就會被華爾街罵到臭頭。同樣的道理，如果大家表現退步，副總裁就會被他罵到臭頭。最後，賈伯斯會引用《星際大戰》尤達的話總結：「要就做，要就不做，沒有試試看這種事。」

賈伯斯這位自戀的蘋果共同創始人、長期執行長、影響遍及蘋果內部的人物，已經告別人世。他還會繼續影響蘋果的企業文化多久，是所有媒體關注的焦點。賈伯斯去世前幾個月曾說：「部分的我存在於蘋果公司的ＤＮＡ裡。但單細胞的有機體沒那麼有趣，蘋果是複雜的多細胞有機體。」蘋果公司與它的產品，不論是外觀或給人的感受，全都反映了賈伯斯個人的美學觀：簡單，甚至是儉樸的簡單；有的時候風趣，但殘酷有效率。但一個組織如果沒有了原本自戀的驅力，這個組織還能存活嗎？麥考比舉出失敗的例子，像是華德・迪士尼去世後的迪士尼，但也舉出了欣欣向榮的例子，像是華生（Watson）家族退出經營後的ＩＢＭ。

我們可以從兩條線來探討賈伯斯的重要性對蘋果帶來的尷尬難題。第一條線是看看迪士尼在創辦人去世之後，發生了什麼事（請見本書第八章），另一條線則是觀察員工離開蘋果後，自己開公司的表現如何（請見本書第九章）。

如果想知道賈伯斯去世後，還會如何在蘋果裡發揮影響力，迪士尼的例子很具啓發性。迪士尼之父華德．迪士尼去世多年後，迪士尼的主管還是常常會問：「華德會怎麼做？」華德．迪士尼的辦公室一直保持著原狀。即使一九八四年邁可．艾斯納（Michael Eisner）成爲新任總裁後，華德．迪士尼的秘書仍然留任。賈伯斯擔任蘋果執行長期間，他的影響力無所不在，相信在未來很長的一段時間內，蘋果員工仍然常常會問：「史帝夫會怎麼做？」未來蘋果的主管在做決策的時候，有多少是依據自己的判斷，有多少又是按照賈伯斯教他們的東西，這個比例將會大大影響蘋果以後的榮景。賈伯斯即將辭世的那幾年，一直試著要把自己的精神制度化，而他的離去將會考驗這種賈伯斯式的企業文化。也許要花很多年，但最終我們會知道答案，明瞭是否史帝夫．賈伯斯就是蘋果，還是賈伯斯成功了，他打造了一個強壯的複雜有機體，即使他已離去，這個有機體仍會活下去。

2 蘋果信條：搞神秘

每次看到木工出現在辦公室，蘋果的員工就知道公司又在著手進行大事了。辦公室會一下子冒出新的牆和門，每個人必須遵守新的門禁規定。原本透明的窗戶會變成霧茫茫的一片，有的地方則根本沒有窗戶。蘋果稱這些新禁區「封鎖室」：除非有理由，任何資料都不准進出這些房間。

對於員工來說，這些騷動讓人心神不寧。你很有可能根本不會知道究竟發生了什麼事，而且也不太可能跑去問。如果你還沒得到通知，那麼顯然這一切與你無關，而且是真的不關你的事，你最好閃遠一點。更糟的是，在木工來之前，你的通行證明明還可以用，你可以進入某些區域，但新的隔間出現之後，你就被關在門外。你只能猜測公司現在要進行一個高度機密的新專案，而你什麼都不會知道。好了，就這樣。

蘋果有兩種保密——對外與對內的保密。對外的保密很好懂，蘋果要保護自己，不讓敵人和外面的世界窺視自己的產品與手法，當然要保密。對於一般的員工來說，這種保密比較容易理解，畢竟很多公司都會保護自己的新東西。然而對內也要保密，像是那些神秘的牆壁和非請勿入的禁區，就讓人比較難以忍受。不過，這又是另一個蘋果與眾不同的地方。長久以來，管理理論都認爲搞秘密會降低企業的生產力，保持透明才是良好的公司文化，但蘋果偏偏不這麼想。

當然，所有的公司都有秘密。蘋果不一樣的地方，在於每一件事都是秘密。順道一提，其實蘋果也知道自己有一點過頭。蘋果對於「有人口風不緊，船就會沉下去」的自身心態，其實也小小自嘲了一番。蘋果位於「無限迴圈路一號」的總部，有一間對外開放的商店，店裡賣的T恤上寫著：「我拜訪過蘋果總部，但我只能透露這麼多。」

蘋果的建築外觀看起來十分通風，跟公司內部的秘密氣氛形成對比。從上方鳥瞰，蘋果的總部似乎可以塞進一座美式足球場，但要是沒有一雙銳利的眼睛，一般人看不出它在哪裡。二八〇號州際公路緊鄰著蘋果總部北端，但來往的車輛以時速六十五英里（譯注：約一百零五公里）開過去的時候，車上的人不會注意到蘋果的總部（不過偶爾也有例外。一九九〇年代末，蘋果爲了宣傳「不同凡想」（Think Different）的口號，從建築物 IL-3 後方牆上，掛上了愛因斯坦與愛蜜莉亞・厄爾哈特（Amelia Earhart，譯注：第一位獨自飛越大西洋的女性飛行員）等人的巨幅照片，讓總部變得十分顯眼）。訪客如果想要參觀蘋果生氣勃勃的總部，他們可以沿著環繞蘋果六棟主建築的圓環開車。蘋果的停車場分散在幾棟主建築外側，連接處有圍牆和柵欄，整個建築群是一個封閉的整體。通過主建築的重重大門後，圓環的中心是一個充滿陽光的綠色中庭，裡頭有排球場、綠意盎然的草坪，以及戶外用餐區。美好的中央自助餐廳「麥金塔小餐館」（Caffe Macs）提供新鮮的壽司、沙拉、甜點，許多的員工會在那裡用餐。蘋果跟 Google 不一樣，員工吃飯是要錢的，不過食物還算可口，價錢也很合理。常見的主餐包括「炙烤比目魚佐嫩煎波菜與番薯」，只要七美元。散落在庫比蒂諾其他地方的蘋果大樓，也有水準媲美外面餐廳的員工餐廳。

蘋果總部看起來像是一座大學校園，但如果想進去旁聽的話，那就祝你好運了。眾所皆知，Google 把自己的總部命名爲荒謬的「Google 複合體」（Googleplex）。參觀的遊客可以自由徜徉在中庭裡，還可以在員工來來去去的時候，溜進敞開門口的房間。蘋果可沒這回事，所有建築物都閉得緊緊的。有的時候，遊客可以看到排球場上有幾個員工，但更多時候，遊客瞄向蘋果中庭，會驚訝地看到整個總部不停流動，只見蘋果員工匆匆忙忙從一棟建築物趕往另一棟，急著參加開始與結束都很準時的會議。

蘋果總部的辦公室，都漆成一般企業的單調顏色。執行長辦公室與董事會議室位於建築物 IL-1 四樓。由於並非總部附近的所有建築物都屬於蘋果，因此其他的蘋果大樓（有些是租的、有些是買的）散落在「無限迴圈」建築群外側棋盤狀的地帶。那些大樓會以所在地命名，例如

「馬利安尼大道一號」（Mariani 1）和「德安薩路十二號」（DeAnza 12）。

對於新進員工來說，早在他們知道自己會在哪棟大樓工作之前，蘋果已經開始展現公司的保密風格。雖然員工被選進公司前都身經百戰，通過多次嚴格面試，但許多人都是被聘到所謂的「假職位」，要到眞的進公司之後，蘋果才會詳細解釋實際上公司要招的是什麼職位。雖然公司歡迎新人的到來，但他們尚未接受訓練，所以不能對他們透露機密的訊息，包括他們到底應徵上什麼工作。一位研究所畢業後就進蘋果的工程師回憶：「他們就是不肯告訴我爲什麼找我進公司。我知道跟 iPod 有關，但不知道究竟是什麼工作。」新人第一天上班的時候，會參加新進員工訓練，然後他們會發現，其他員工早就知道爲什麼新人會被召募進去，但都守口如瓶。

鮑勃・波切斯（Bob Borchers）是蘋果早期研發 iPhone 時的產品行銷主管，他回憶說：「你坐下來，開始進行一般的圓桌會議，大家開始報告手上的工作，然後有一半的人卻都不能告訴你他們在做什麼，因爲蘋果找他們進公司，是爲了一個秘密計畫。」

新進員工在上班的第一天，就會立刻發現新公司跟以前的公司都不一樣。在外面的世界，蘋果是世人尊敬的對象，在公司內部，蘋果則是員工膜拜的神。蘋果無法充分信任剛進來的新手，因此只能透露有限的資訊。所有的新進員工都要參加爲期半天的歡迎儀式，儀式一律在禮拜一舉行，除非那天是假日。蘋果的歡迎儀式跟大公司的那一套都一樣：你會拿到一袋東西，裡頭的貼紙寫著恭喜你成爲蘋果的一員，另外有人事資料表一類的東西。除此之外，還會有一件T恤，上面寫著你是某某年的新生。蘋果很少併購別人，一旦併購之後，會很快讓新成員知道，他們現在是蘋果家族的一員。奧爾布萊特的新創公司 Quattro Wireless 被蘋果買下後，他成爲蘋果 iAd 行動廣告事業的合作夥伴經理。奧爾布萊特回憶起當時興奮的情景，因爲幾乎就在併購案成立之後，蘋果推出了一系列閃亮的新型 iMac：「大家馬上就感受到自己參與了一個獨特的東西。」此外，禮拜一的歡迎儀式還會提供新同事一個特殊待遇。一位離職員工說：「蘋果只會提供一次免費午餐，就在你進來的第一天。」

新員工第一天進蘋果的時候，還會有一個重頭大戲：沒有人會幫你把新發下來的電腦連上網路。公司假設能進蘋果的人應該都夠聰明，電腦能力也夠，可以自己想辦法連上去。一位蘋果觀察家說：「公司認爲大部分的人都應該能夠自己連上伺服器。人們告訴我：『有夠麻煩的，但我還是想出了該找誰幫忙。』蘋果這招眞是太聰明了，如此一來，大家就得想辦法認識彼此。」

蘋果還是會丟一根骨頭給新進員工：內部有一個非正式的「i 夥伴」（iBuddy）系統。他們會給一個名字，那個人不是主要團隊的成員，讓弄不清楚狀況的新職員可以找他問問題。很多人都說，他們只有在剛進公司時見過「i 夥伴」一到兩次，然後就忙到再也無法見面。

在歡迎儀式上，門禁管制的介紹會讓人很快感受到現實。每個蘋果的員工都不會忘掉這件事，那可說是噤若寒蟬。iPhone 的前行銷主管波切斯原本任職於耐吉（Nike）和諾基亞（Nokia），他回憶剛進蘋果的那一天：「那天某個負責控管公司機密的主管走進來，她告訴大家：『好，每個人都知道保密的重要性，機密安全在這裡非常、非常重要。讓我來跟各位說明。』那個主管接著解釋，蘋果推出產品的時候，如果一直到推出前那項產品都是機密，那麼所有的相關報導和謠言對公司來說就值很多錢。我記得她說：『那關係到數百萬美元。』」公司說得很明白，不管是有意或無意，只要洩漏蘋果的機密，結果只有一個：立即革職。

每個蘋果人都害怕說話，所以乾脆與世隔絕

蘋果對於產品在未上市前就走漏消息的事，一向非常反感。菲爾・希勒（Phil Schiller）是蘋果舉足輕重的產品行銷資深副總裁，他曾經把蘋果的產品上市比喻為好萊塢強檔電影上映。在產品上市的頭幾天，公司會大力宣傳，就跟電影第一個上映的週末一樣。如果預先透露產品細節，將會破壞消費者的期待。蘋果迷的確是這樣沒錯。新產品上市之前，粉絲會徹夜排隊，守在蘋果零售店門前，讓人想到從前每次《魔戒》和《星際大戰》推出續集的時候，影迷大排長龍的盛況。

希勒就是希望達到這樣的效果，他要讓產品在推出的第一天就轟動。一位曾跟希勒共事的蘋果前主管說：「我還記得他反覆強調的樣子。」當然，蘋果的產品上市跟電影上映還是有一

些些不同的地方。好萊塢會在很多地方不停播放預告片，激起大家想看的慾望，蘋果則有「蘋果流言區」（rumor mill）。「流言區」會預測蘋果將推出什麼新產品，讓產品在推出之前就得到免費的宣傳。

蘋果之所以對新產品如此守口如瓶，上市前不能吐露任何資訊，其實還有另一個原因，那就是不要讓新產品搶了舊產品的風采。如果消費者很清楚接下來會推出什麼產品，他們可能會因爲擔心馬上會出下一代，不買已經上市的產品。需求一旦減弱，擺在零售店架上與倉庫的待售商品，就會變得毫無價值（的確，即使是不完整的資訊也會影響銷售：蘋果表示，消費者期待新一代 iPhone 會在二〇一一年夏天上市，導致 iPhone 4 銷售熱潮減弱）。

最重要的是，提前公布產品會讓對手有時間反應，也使消費者的期待升高，還會招來一窩蜂的批評，而那些批評都是針對一個點子而非眞正的產品。不了解保密重要性的公司會讓自己陷入危機。惠普在二〇一一年初就犯下這個產品行銷的大忌。惠普先是宣佈將會在該年推出細節不明的「雲端」服務。讓人無法理解的是，它接著又「預先宣佈」自己將出售旗下的PC事業部，此話一出，便讓這個佔公司近三分之一營收的部門，遭受無法估計的傷害（惠普的董事會在該則消息發佈不久後，就把執行長李艾科〔Léo Apotheker〕掃地出門）。

蘋果對於產品上市保密的程度如此引人注目，主要是因爲很少有公司會做得那麼徹底。麥特・德蘭斯（Matt Drance）在蘋果待了八年，一開始是工程師，後來則是蘋果的「傳道師」。「傳道師」的工作是協助外部研發者替蘋果平台設計產品。有一次韓國手機廠商ＬＧ尷尬地宣佈旗下一款新智慧手機將無法如期上市，德蘭斯對於這種非蘋果式的做法感到不可置信。他在個人部落格「蘋果局外人」（Apple Outsider）上評論：「這眞是不可思議。」德蘭斯在文章裡寫著：

你要送出門的產品，很可能會延期上市，而且功能也比預定的少。時間不夠，事情比原本的預估複雜。產品有一堆毛病，讓全組抓狂。你的夥伴破壞你的計畫，山洪要爆發了。一定要放棄一些東西，要不然就是還得再等一段時間。但如果你已經花了好幾個月的時間故弄玄虛，那現在每個人都在等你。放話的問題在於你把話說死了。如果產品沒有如期上市，或是你說要上市結果沒有，大眾百分之九十九會不滿。如果你好好閉上嘴，讓產品替自己說話——等你真的「有」產品的時候——那麼人們就比較有可能得到意外的驚喜。有的公司了解這點，有的公司顯然不懂。

蘋果裡的每一個人都得嚴格遵守保密原則。矽谷的工程師喜歡彼此交換工作心得，但眾所皆知，蘋果工程師是一群守口如瓶的人。一位前工程師說：「我一個朋友因爲講了太多話被削了一頓。簡單來說，不要談工作就對了。」這樣的心態讓蘋果在科技的世界引起大家側目。吉娜・比安奇尼（Gina Bianchini）是身經百戰的矽谷創業家與長期的蘋果觀察家，也是網路新創公司 Mightybell.com 的執行長（蘋果的產地標註寫著「加州蘋果設計」，Mightybell.com 的首頁模仿這家大企業，挖苦地寫著「加州雙手製造」）。比安奇尼說：「在那裡你可以明顯感覺到一股恐懼，就連夥伴之間也是。沒有任何一家公司擁有那種程度的恐懼。」比安奇尼在二〇一一年曾用 TED 年會的例子，說明蘋果在業界是什麼樣的局外人。TED 是每年在加州長灘舉辦的科技產業交流大會，所有最高階的主管與知名投資人都會參加。「在今年的 TED 大會上我觀察到一件事：蘋果的員工融不進矽谷的生態圈。沒有人認識蘋果的任何人。搞網路的人全都彼此認識，但蘋果活在自己的世界裡。每個蘋果人都害怕說話，所以乾脆與世隔絕。」

一名矽谷工程師會定期跟一群蘋果員工玩撲克牌。大家的共識是，如果牌桌上有人提到蘋果，就要換話題，因爲如果他們不小心洩漏公司的事，一定會被炒魷魚。蘋果的員工如果正在參與產品的上市計畫，會拿到一本蓋著浮水印、叫做「交通規則」（Rules of the Road）的小冊子，裡面寫著產品上市前所有重要的階段目標，而且會加上一段清楚的法律聲明：如果這本冊子流落到錯誤的人手中，冊子的主人會被解雇。

蘋果費了很大的心力維持紀律。一名前高階主管說：「有些事公司會非常、非常神秘兮兮。有一次我們爲了一個專案，把某層樓加上了特殊的鎖，而且還多加了幾道門，把正在進行專案的小組藏起來。你必須簽署特別條款，聲明你知道你正在參與一個超級秘密的計畫，你不會跟任何人透露這件事，就算是你的老婆和小孩也一樣。」

這種保密到家的壓力會讓有些人無法承受。賈伯斯經常親自向全公司提醒保密的重要。一個曾在蘋果任職的員工回憶：「賈伯斯會告訴大家：『任何洩露此次會議內容的人，不但會被開除，而且公司的律師還會盡全力把他告到死。』我感到非常不舒服，不管做什麼事都得小心翼翼。我經常做惡夢。」

訪客可以參觀蘋果的辦公室，但都是在滴水不露的監視下。有些文章驚訝地報導，就連讓訪客自己在員工餐廳待上幾分鐘，負責陪伴訪客的員工都會感到很爲難。一名科技業的主管在二〇一一年年中到蘋果拜訪一個朋友，結果他被要求不可以在推特（Twitter）上提到這次造訪，也不可以在會發佈使用者位置的著名網站 Foursquare 打卡。在蘋果的認知裡，讓人知道有人因爲非公開的原因拜訪過蘋果，就可能洩露蘋果的秘密（這不禁令人好奇，蘋果會不會鼓勵消費者不要使用「尋找我的朋友」〔Find My Friends〕軟體，這個「臨時地點分享」服務是 iPhone 二〇一一年年底新加的功能）。

在多數情況下，蘋果相信員工會自己謹言慎行，但在某些情況下，蘋果會留意員工在辦公室外說了什麼，就連員工只是到對街買杯啤酒也一樣。蘋果的庫比蒂諾總部附近有一間ＢＪ啤酒屋餐廳，因爲它就在旁邊，員工都戲稱它位於蘋果的 IL-7 大樓（IL-7 是「無限迴圈路七號」的縮寫，但實際上沒有那個地址）。公司裡流傳著一個故事說，蘋果會派便衣警衛在ＢＪ餐廳附近盯梢，曾經有員工因爲在餐廳裡口無遮攔而被解雇。不管這件事究竟是眞是假，既然員工會一直流傳，就已經有殺雞儆猴的功效。

保密措施有如臥底組織

賈伯斯曾經說過，他是從華德・迪士尼那裡學到不准討論公司這一招。華德・迪士尼是迪士尼夢幻王國的創始人，他認爲如果大家過度關注迪士尼幕後眞實世界的那一面，那麼夢幻王國將不再神奇。迪士尼嚴格執行內部的保密。尼爾・蓋布勒（Neal Gabler）寫過一本詳盡的傳記《華德・迪士尼：美國想像力的勝利》（*Walt Disney: The Triumph of the American Imagination*），書中描述一九六〇年代迪士尼準備在佛羅里達州蓋樂園的時候，召集了一個執行「X計畫」的小組。公司內部跟這個新主題樂園有關的備忘錄，通通都要編號，方便公司追蹤。

要求員工不要讓資訊落入錯誤的人手裡，本身沒有什麼不對，但蘋果詭異的地方在於，這個「錯誤的人」還包括自己的員工。一位前蘋果員工用法律術語描述這種心態：蘋果擁有「終極的『有需要知道才能知道』（need-to-know）文化」。蘋果會刻意把公司內的小組分開。有的時候，這是因爲各小組會在不知情的情況下處於競爭狀態，但更多時候，這是蘋果用來讓大家「顧好眼前事」的手法。它有一個簡單到不可思議的附帶好處：員工不能碰別人的事，將有更多時間專注在自己的工作上。蘋果某個層級以下的人很難玩辦公室政治，因爲一般員工根本沒有足夠資訊可以參與這種遊戲。蘋果的員工就像戴著眼罩的馬一樣，心無旁騖地專心往前衝。

蘋果爲了保有公司內部的神秘，精心打造了一套讓人不安的制度。這套制度建立在「資訊揭露」的概念上。如果有人想在會議上討論一個主題，他必須先確定那個主題已經被「揭露」給在場的每一個人，也就是說，所有的人都已經知道某些機密。一位離職員工說：「除非你確定資訊已經揭露給每一個人，否則你不能談論任何機密。」因此，蘋果員工以及員工手裡的計畫，都像是一片片拼圖。拼圖完整的全貌是什麼，只有組織裡最高階的人知道。這讓人聯想到底下反抗組織安插在敵人陣營裡的臥底，每個臥底都不會知道可能危急其他同伴的資訊。前蘋果硬體部門資深主管強・魯賓斯坦（Jon Rubinstein）曾經部署過不那麼酷炫但同樣有效的措施。二〇〇〇年，魯賓斯坦告訴《商業週刊》：「蘋果內有秘密小組，就跟恐怖組織一樣，每件事都是『**有需要知道**』才會告訴你。」

如同所有的秘密結社，你必須贏得組織的信任。剛加入的人要先在門外待一陣子，至少得到上司的信任後，才會被當成一份子。蘋果員工回憶，他們在前幾個月的適用期只會先接觸「核心技術」，不會直接參與眞正的產品開發，也不能坐在其他組員附近。大部分的大公司都有成員組織圖，但蘋果沒有：職員不需要擁有這種資訊，外頭的人也不應該擁有這種資訊。《財星》雜誌於二〇一一年五月曾經畫過一張蘋果的組織圖。造訪過蘋果的人說，僅僅因爲被人發現桌上放著一本該期雜誌，就會讓蘋果員工非常緊張。不過，蘋果員工的確有一個重要的資訊來源，那就是內部通訊錄。這份電子通訊錄列出了每一位員工的姓名、所屬小組、主管、辦公地點、電子郵件以及電話號碼，有些還會附上照片。

當然，蘋果的員工不需要組織圖就知道誰位高權重。公司裡有一小群顧問向執行長報告，他們是負責經營的「執行團隊」，底下有不到一百位的副總裁在協助他們。不過，在蘋果，你的頭銜與你眞正的地位不一定永遠相關。每個人都知道，公司裡有著不成文的種姓制度。一直到賈伯斯去世，工業設計師都是至高無上的一群人，還有一小群跟了賈伯斯很多年的工程師也是，他們有的從賈伯斯成立蘋果的時候就在。另外有一小群工程師的頭銜是DEST，意思是「傑出工程師、科學家、技術人員」（distinguished engineer/scientist, technologist）。這群人對組織各有貢獻與影響力，但不擔任管理職。除了這些人之外，其他人的地位則會隨時變動，要看他們負責的產品重不重要而定。iPhone 和 iPad 越來越風靡之後，負責行動作業系統（iOS）的軟體工程師，變成公司裡最酷的一群人。在這套尊卑制度中，硬體工程師地位很高；雖然讓人不想承認，但產品行銷人員的地位也很高。再下來一層，則是 iTunes、iCloud 以及其他線上服務部門的人馬。主要從事麥金塔研發的員工曾是寵兒，但目前他們在蘋果的階級制度裡是二流人士。如果要以在公司裡酷不酷來說，銷售部、人力資源部與客服部根本不入流。

部門之間有高牆是蘋果的慣例，但令人吃驚的是，每個部門內部還有高牆。一位離職員工說：「蘋果沒有一扇門是開著的。」員工證件只能進入某些特定區域，甚至很多時候員工可以進去他們上司進不去的地方。有些區域已經很神秘了，但還有些區域更神秘，而且這一切跟是不是正在執行特殊計畫沒有關係。蘋果的工業設計實驗室就是一個著名的例子。設計師都在實驗室工作，那裡的門禁十分森嚴，絕大多數員工連門裡的樣子都沒瞧見過。

工作不是為了快樂，而是因為很酷

神經科學家大衛・伊葛門（David Eagleman）在他的暢銷科普書《隱姓埋名》（*Incognito*）中提到保密文化的壞處。伊葛門說：「有關秘密，你必須要知道，保守秘密有害腦部健康。」他解釋，人們希望透露秘密，這是一種很強的原始衝動。蘋果靠著盡量把員工蒙在鼓裡，解決了這個問題。但這也讓人不禁要問：蘋果的員工真的快樂嗎？

大體上來說，蘋果充滿著合作、互助的氣氛，沒有明顯的辦公室鬥爭。曾在裡頭工作的人說，這是因為蘋果擁有「命令與控制型」的公司架構。前軟體應用產品行銷部副總裁羅伯・舒本（Rob Schoeben）說：「每個人都知道，不同部門間的完美整合是創造奇蹟的關鍵。在蘋果，團隊常常一起合作。」舒本在賈伯斯還在世的時候曾經說過：「如果你不肯合作的話，史帝夫會讓你死得很難看。」人人都知道，微軟在比爾・蓋茲的領導下是黑暗的鬥爭場所，顯然蓋茲喜歡「適者生存」的概念。

蘋果的企業文化或許是相互合作，但大部分的時候，蘋果並不是個和善的地方，而且幾乎總是讓人緊張兮兮。一位接觸過蘋果高階主管的觀察家說：「走在蘋果總部的時候，你永遠不會感覺到懶洋洋的氣氛。有的時候爭論會演變成醜陋的人身攻擊。蘋果的人認爲，爲了要做出最好的產品，就是把別人撕成碎片也沒關係。蘋果的高標準扮演了重要的角色。一位前主管說：「追求完美是所有人最關心的事，那股壓力一直存在，而達到完美是很困難的。」另一位前內部人士則說，蘋果的主管常常因爲「賈伯斯的緊急要求」，沒有私人生活。這種故事屢見不鮮。「他們的故事都是一樣的：『我正在休假，但我的產品會是這次的宣傳重點，所以我跳上飛機回來，練習了一整個週末。』」

這是蘋果的競爭文化在作祟。蘋果的前供應鏈部門主管史帝夫・多以爾（Steve Doil）說：「每天你去上班的時候，就像是上擂台一樣。你只要稍微分心，就會拖累整個團隊。」另一位前主管也用了類似的話描述蘋果文化：「這是一個追求卓越的文化。你會感覺自己必須把實力通通拿出來，你不會想要當那個拖累大家的人。大家都非常努力不要讓公司失望，每個人都非常努力在工作，把自己全奉獻出去。」

蘋果跟 Google 的文化天南地北。Google 公司裡到處貼著傳單，告訴你下班後有哪些活動可以參加，不管你想參加滑雪之旅，還是知名作家的系列演講，應有盡有。在蘋果的話，iTunes 團隊偶爾會贊助樂團，公司裡有一間健身房（不是免費的），但大體來說，蘋果的員工到公司是來工作的。一位資深工程師說：「開會的時候，大家不會討論自己上週末去了哪間湖邊小屋度假，而是馬上進入主題。」這種氣氛跟蘋果以外的世界很不一樣。這位工程師說：「當你和別公司的人互動，不會那麼緊繃。但在蘋果這個地方，人們把全部的心力都放在工作上，晚上回家的時候，還是不會把蘋果拋在腦後，他們是全新全意在侍奉蘋果這個宗教。」

數十年來，蘋果員工對於工作的態度沒有改變過。喬・諾賽拉（Joe Nocera）曾經在一九八六年的《君子》雜誌上登過一篇文章，描述了賈伯斯怎麼看蘋果的工作環境：

> 例如，他會談論要讓蘋果成為一個讓人「瘋狂想去上班」的地方，但他講的不是公司會發放讓人無法抗拒的紅利，或是給你多棒的福利。他講的是要營造一個讓人更努力、更長時間工作的環境，讓你一輩子都沒有那麼努力過。你必須面對最沉重的期限壓力，扛起你從來沒想過可以承擔的責任。從來不休假，幾乎連週末都從不休息……而你會完全不在意！你會愛死這種生活！你會到達不工作、沒有責任、沒有可怕的期限壓力你就活不下去的境界。在這間辦公室裡的所有人，都知道那種工作的感覺——那種熱血沸騰、好像自己就要完成些什麼、甚至是有一點親密的感覺。他們跟賈伯斯一起工作的時候，就會知道這種感覺。他們有一起在蘋果奮鬥打拚的故事，他們的生命連結在一起。沒有經歷這段過程的人，永遠都不會真的懂。

幾乎沒有人會把在蘋果工作的經驗描述成一件有趣的事。事實上，如果你問蘋果是不是個

「有趣」的地方，答案幾乎都是一樣的。一位前蘋果員工說：「大家對於自己手上的重要工作，有著不可思議的熱情。成功是應該的，就算成功了，也不會得到讚美，沒有人會慶祝。裡頭沒有這種文化。一切就是工作、工作、工作。」另一位前員工說：「如果你是死忠的蘋果迷，你會覺得一切都很神奇。這是一個充滿挑戰的工作場所，你必須護送產品從構思階段一路到上市，也就是說你會工作到眞的很晚。」第三位前員工的回答也同樣巧妙地迴避這個問題：「大家對蘋果非常狂熱，跟公司的使命站在同一陣線上。」

蘋果人不是爲了愉快的工作氣氛，也不是爲了錢而進公司。的確，不少人因爲蘋果的股票選擇權成爲百萬富翁，特別是那些在好時機加入的人（賈伯斯重返蘋果後頭五年左右）。但前蘋果行銷人員范強森說：「在矽谷大部分的地方，你都可以拿到很高的薪水。錢不是考量的重點。」

一般的評價是蘋果的薪水在業界很有競爭力，但並沒有特別高。資深主管一年的薪水大約是二十萬美元，景氣好的話，分紅可高達年薪五成。在蘋果談錢會讓大家對你皺眉頭。范強森簡單扼要地說出蘋果的精神：「我認爲在那樣的一家公司工作，而且眞心熱情想要做出很酷的東西，是一件很酷的事。你坐在一間酒吧，然後看到裡頭的人十個有九個都在用你公司的產品……那是一件很酷的事。這種事你完全沒辦法算值多少錢。」

賈伯斯（大家都知道他沒興趣談錢）對於在蘋果工作幸不幸福這件事，觀點跟其他人有點不同。他認爲：「沒有人會說在蘋果工作不是他們人生最有成就感的一段經歷。人們愛這份工作，但那跟他們過得很有樂趣，是不一樣的。樂趣會來來去去。」

3 著魔般專注

蘋果行銷部大樓的創意工作室裡，有一個靜悄悄的角落，四面都有牆圍著，那個地方是包裝室。相較於軟體設計或硬體製造等重要又複雜的任務，包裝對於許多公司來說，實在是無足輕重的一件小事，甚至事前連想都不會想到。在蘋果可沒這回事。蘋果把大量的精力和資源，投注在產品的包裝上。包裝室戒備森嚴，出入都要有證件。如果要眞正了解在包裝這件小事上，蘋果的管理階層有多認眞，只要想想這件事就知道了：包裝設計師會花好幾個月的時間，躲在這個房間裡做著一件世界上最平凡無奇的工作——拆盒子。

拆盒子也許平凡無奇，卻非常重要。在這個隱密的實驗室裡，放著好幾百個 iPod 的原型盒子。沒錯，房間裡頭放著幾百個盒子，唯一的功能就是讓設計師體驗消費者拿起盒子、第一次打開他們的新玩具時，有什麼感覺。iPod 的透明包裝盒上有一個小小的指示標籤，可以告訴消費者要撕開盒子上方一個透明、沒有邊框的貼紙。爲了這個標籤，設計師一一設計和試驗了幾千幾萬種箭頭、顏色及膠帶。包裝設計師被一股設計的執著驅使著，必須找到那一個完全對的東西。而且不只是盒子本身而已，標籤在盒子上的位置也很重要，必須讓工廠將成千上萬個盒子運到蘋果商店的時候，盒子與盒子之間會產生自然的空隙，不能弄壞標籤。

一般的產品設計師不太會關心消費者怎麼樣打開盒子，但對於蘋果來說，一個成本不高的包裝盒，就跟盒子裡高利潤的電子產品一樣重要。消費者在見到他們滿心期待的產品之前，會先看到包裝。蘋果的產品經過千錘百鍊才能誕生，中間的過程耗費極大成本，從最初的原型設計、專家之間的合作（負責取得零件的供應鏈專家、負責協調軟硬體組裝的產品經理），一直到行銷、訂價與零售計畫的整合，到最後產品終於能送到消費者手中，拆開包裝是這一切繁複過程最後的高潮，相關設計馬虎不得。

設想消費者把一個簡單的白色盒子拿在手中的感覺，只是蘋果設計師最後的一個難關，在那之前，他們已經設想過其他幾千幾萬個細節。迪普・尼沙爾（Deep Nishar）先前是 Google 的主管，帶領團隊替網路公司 LinkedIn 設計使用者介面，他提到：「對我來說，重視細節象徵著不管是在哪個環節，你都真心關心使用者。」尼沙爾描述他底下的幾位設計師，是如何崇敬他們第一支 iPhone 的盒子。「你還記得那個包裝嗎？有幾個設計師把那個盒子留著，放在他們的架子上。那是史上第一個有彈簧設計的盒子。盒子會慢慢打開，讓人引頸期待，感覺自己將要見到一個又棒又漂亮的東西，一個你已經一直看到報導、聽大家講了很久的東西，一個你看過賈伯斯談論和展示的東西。就是要讓人有那種感覺，那種關注細節的感覺。」

蘋果能出類拔萃，是因爲極度關注細節。蘋果只提供幾種產品，而且在上頭投注了佛陀式的專注。賈伯斯曾經潛心研究佛教，教義說，如果你要準備一杯茶，就應該把全部的心力用來泡那杯茶。即使是這麼一件微不足道的小事，也應該用上你會的全部技巧。在企業的世界裡，這樣的一個靈修概念看似傻，卻可以帶來驚人的報酬。設計良好的產品，可以讓製造商在公司內外都得到令人羨慕的好處。在公司內，人才和資源都會流向最出色的產品。在公司外，消費者會下意識感覺到這家公司在乎他們。如果消費者有這種感覺，就會對品牌有認同感，不再用價錢決定要不要購買一項產品。人們會問：「哪一個比較划算，是 Kindle 還是 Nook 電子書？」但會說：「我等不及要買最新的 iPad 了。」所以，在設計、製造和公司計畫方面，蘋果究竟是如何利用「專注」來讓自己與衆不同呢？

不要標準化，而要最優秀

對產品設計者來說，營造出一種「感覺」是極爲重要的事，更不要說是電子產品的包裝設計師了（只要想一下戴爾〔Dell〕筆電帶來的感覺就知道了，除了沮喪，你還能想到什麼？）。然而，賈伯斯從創立蘋果公司的第一天起，就已經在做這件事。賈伯斯拒絕用傳統方式思考蘋果的產品，它們不只是電子產品而已，而是藝術。賈伯斯在一九九五年的時候，曾接受「電腦世界史密森尼獎口述歷史計畫」（Computerworld Smithsonian Awards Program Oral History Project）的訪談，當時他表示：「我認爲藝術來自於能夠看見別人看不見的東西。」賈伯斯這句話是在談早期他爲蘋果找來工作的人。他提到這群人有著以下的目標：

用前所未見的方式，把不同的東西組合在一起，然後找出一個方法傳遞給其他人，讓那些沒有相同洞察力的人，也能夠享受同樣的好處：得到某種感受或做到某些事。如果你進一步了解這些人，你會發現在這一段很特別的時間，也就是七〇和八〇年代，電腦界最優秀的人才通常都是詩人、作家和音樂家。那些人之中，幾乎所有人都是音樂家，另外很多人還是詩人。他們會進電腦這一行，是因為電腦太迷人，那是一個嶄新的東西，提供了新媒介，讓這些人可以發揮他們的創意。他們投注在電腦的情感與熱情，跟詩人或畫家沒兩樣。

現在回過頭去看，賈伯斯把電腦設計師還有紙盒設計師（天啊！）跟藝術家相提並論，簡直是傲慢。如果換了另一家公司，談藝術設計可能是有點做作的話題，甚至是無關緊要。然而，當一家公司把產品設計跟時代精神結合在一起，而且還引發消費者的搶購風潮，讓公司成爲全世界市值最大的公司，那麼消費者電子學中所隱含的詩意，重要性將不下於電路圖。

蘋果跟別人不一樣。蘋果能與衆不同，一直都是因爲它的產品策略。賈伯斯在形容蘋果早期員工的特色，或是他簡略提到自己時，都會營造一種氛圍：打從一開始，蘋果就幫自己塑造桀驁不馴的形象。賈伯斯早期有一件很出名的事。他在監督麥金塔的研發時，在麥金塔團隊所在的大樓，掛上一面海盜骷髏頭的旗子。蘋果在電腦產業裡獨樹一格。「獨特」一直是蘋果的精神，而注意細節正是這種精神的展現。

電腦產業致力追求標準化。IBM的「相容機」是業界很重要的一項創舉。相較之下，蘋果要的不是標準化的東西，而是最優秀的機種。雖然在一段短暫的時間內，蘋果曾是業界標竿，但大部分的時候，蘋果的追隨者只限於一小群特定人士。幾年後，當惠普經歷一連串的危機，一位矽谷的主管曾一針見血地指出，即使惠普找來蘋果最有能力的主管，也沒有辦法起死回生，因爲「史帝夫回到蘋果的時候，蘋果的士氣非常低落，但公司仍然保有想要做出優秀產品的企業文化。惠普已經很多年沒有那種精神了，沒有人能夠領導惠普」。

蘋果大部分的產品都只是因爲他們想要做出來。蘋果不搞焦點訪談團體，不做讀者調查，也沒有什麼競爭力分析。多年來，賈伯斯很喜歡用的一個比喻就是，蘋果「不想把手指伸到消費者需求裡測風向」。作家莫瑞茲於一九八〇年代初出版的《蘋果電腦的私家故事》裡寫到，賈伯斯告訴他：「我們成立蘋果的時候，之所以會製作出第一部電腦，眞的只是因爲我們想要一台電腦。」接下來一、二十年，賈伯斯常常重複這段話。二十五年後，賈伯斯又說：「我們擁有強烈的信念，真的認爲我們是在替自己研發產品。」

iPhone 正是這種信念的經典例子。iPhone 問世之前，蘋果的主管大多討厭自己的智慧型手機。賈伯斯說：「那就是爲什麼我們決定要自己做一支。」他這句話可以分爲兩個層面來看：它的確是實話，而且也在向消費者傳遞一個強烈的訊息——**我們愛死這款狗食了，連我們自己都在吃，你們一定也會喜歡。**

從創立之初一直到今天，蘋果的經營哲學幾乎沒變過，這點讓人吃驚。莫瑞茲描述賈伯斯：「賈伯斯不願意讓產品計畫充滿著一堆企管分析、焦點訪談團體、決策樹、鐘型曲線移動，或是任何他覺得跟大公司有關、討厭又無聊的東西。賈伯斯是在鏡子裡找到蘋果最原型的消費者。他會三不五時決定自己想要擁有哪種電腦，然後公司就會開始研發那種電腦。」

設計師的話才是聖旨

如果想了解蘋果如何專注細節，最實在的方式就是觀察他們的設計。蘋果的產品都誕生於一間也擁有重重門禁的實驗室，只有少數員工可以出入。它叫做「工業設計實驗室」（Industrial Design studio，簡稱ＩＤ），而它的頭頭是設計師強納森・艾夫。在蘋果所有的主管裡頭，艾夫是賈伯斯之外最接近名人地位的人。賈伯斯喜歡待在這個實驗室裡，抽查艾夫和設計團隊正在醞釀與實驗的點子。

蘋果設計理念的關鍵在於，設計是產品的出發點。蘋果工業設計師無所不在的程度，讓市場競爭者都訝異不已。設計顧問公司 Fuseproject 的執行長伊弗・伯哈（Yves Behar）說：「大部分公司會自己制定所有的計畫、決定所有的行銷、所有的定位，他們一切通通都自己決定好之後，才把東西丟給設計師。」蘋果則有完全相反的流程，公司裡每個人都得配合設計師的願景。伯哈說：「如果設計師說材質必須一致，整間公司的人都會說『好』。」換句話說，一般公司的情形是設計師必須聽令於製造部門，但在蘋果，設計師的話才是聖旨。

約翰・史考利是蘋果一九八〇年代的執行長，已經很多年沒跟蘋果往來，但他仍然持續觀察蘋果的動態。史考利在二〇一〇年曾告訴部落格「Mac 崇拜」（Cult of Mac）的編輯利安德・卡尼（Leander Kahney）：「如果要了解蘋果的大小事，最好的辦法就是從設計角度去看。」史考利接著講了一個故事。有一次他的朋友在同一天參加了蘋果和微軟的會議：「他去參加蘋果的會議，當設計師走進會議室的時候，所有人一瞬間安靜下來，因爲設計師是整個組織裡最受尊敬的人。在蘋果，設計師直接向執行長報告，這是別的地方見不到的。然後在同一天，他又去參加微軟的會議。他踏進會議室的時候，所有人都在聊天。會議開始時，根本沒有設計師在場。所有的技術人員都坐在那裡談論產品應該如何如何設計。災難就是這樣發生的。」

一旦設計的環節準備就緒後，蘋果所有部門就會動起來。產品將由兩個部門負責，一個是供應鏈團隊，一個是工程部。蘋果會啓動「蘋果新產品程序」（Apple New Product Process，簡稱

ANPP）。ANPP是寫著詳細步驟的腳本，一個環節、一個環節清楚說明產品的製造必須完成什麼事項。ANPP並不是蘋果特有的。一九七〇年代晚期和八〇年代初，全錄、惠普與其他公司都有類似的東西。根據一位前蘋果工程師的說法，ANPP原本的功用是協助製造半藝術、半科學的麥金塔。它的目標是「讓科學的部分自動化，然後讓人可以專心在藝術的部分」。它會詳細定好產品製造的每一個階段，包括有誰可以碰那個產品，有誰應該負責產品的哪個功能，以及各個任務什麼時候應該完成。

產品準備好要離開實驗室的時候，有兩個關鍵人物會接手發號施令：工程專案經理（engineering program manager，簡稱EPM）與全球供應鏈經理（global supply manager，簡稱GSM）。工程專案經理會決定產品做出來的樣貌，並負責協調不同工程師小組的工作。有些專案經理非常強勢，讓衆人敬畏不已，有些人乾脆叫他們「EPM黑手黨」。全球供應鏈經理則屬於庫克指定的營運小組，負責找出如何才能取得產品所需的材料。從原料的取得、採購到監督製造，通通是他們的責任。工程專案經理跟全球供應鏈經理必須相互合作，但有時兩方關係會很緊張。一位二〇〇五年左右進入蘋果的工程師說：「在蘋果，如果要讓討論定案，你可以說：『因爲這對產品來說是對的。』如果你能夠拿出證明那點的資料，你就贏了。」

蘋果的工程專案經理與全球供應鏈經理都在總部庫比蒂諾工作，但他們也花很多時間待在中國，因爲蘋果把電腦與行動裝置的製造交給了中國的廠商。其他公司一般是盡力讓產品設計完美，然後外包給製造商，這樣最節省成本，然而蘋果通常會採取最耗成本的做法。蘋果一樣會先設計自己希望製造的產品，然後交給外包廠商測試。但蘋果完成產品的設計、研發和測試之後，還會不斷地再次設計、研發和測試。一名蘋果的前設計師說，這種「強烈的節拍」會在四到六個禮拜達到一次高潮，派駐在中國工廠的一群主要員工會開會，接著，一位負責協調軟硬體工程師的工程專案經理會把最新的beta版送到庫比蒂諾總部，讓高層主管過目，然後又搭機返回中國，把相同的程序再走一遍。

「整合」是一切的關鍵。賈伯斯在二〇〇八年《財星》雜誌的一篇訪問中，簡單扼要地說明蘋果的做法：「你在蘋果能夠做到的事，無法在蘋果以外的地方做到。大部分的PC公司早就不懂工程。消費性電子產品公司不懂軟體的環節。所以蘋果目前能夠做出來的產品，在其他地方是做不出來的。蘋果是唯一無所不包的公司。其他公司沒辦法製造MacBook Air，就是因為我們除了掌控硬體，還掌控了作業系統。我們是因為作業系統能跟硬體緊密結合，所以我們才能做到。」在這段話中，賈伯斯是從概念的角度來談。一位蘋果的前工程師則一語道破一切：「蘋果的一切都跟『整合』有關。如果要做到真正的整合，就必須掌控一切，從作業系統，一直到玻璃要用什麼鋸子切割，通通都要掌控。」

這是非常值得留意的一段話，因為這位工程師並沒有誇大。蘋果並不擁有那把鋸子，也不擁有「擁有鋸子的公司」，而使用鋸子的工廠人員也不是蘋果的員工，但蘋果對於供應商要用哪把鋸子，卻有絕對的發言權。這是一種新型的垂直整合。從前製造商會「擁有」製造流程的所有步驟，而現在蘋果則是「掌控」所有的步驟，不是去擁有。

蘋果的內部也是相互整合的。前產品行銷高層主管舒本說：「蘋果不依賴其他公司來將願景變成產品。微軟一直都受不了PC廠商無法做出更好的PC。垂直整合是蘋果一個很大的優勢，但居然沒有公司複製這種模式，眞是太奇怪了。」爲何無法複製呢？很可能是因爲很少有公司的組織跟蘋果一樣。

專注，是要對很棒的主意說「不」！

除了了解蘋果如何選擇要製造什麼產品，蘋果決定「不要」製造什麼產品也是値得研究的重點。「說不」不但是蘋果產品研發的原則，也是蘋果做生意的方法。事實上，賈伯斯曾解釋，蘋果的主要力量在於有能力「說不」——蘋果能夠拒絕接受某些功能、某些產品、某些類別、某些市場區隔、某些生意，甚至是某些合作夥伴。賈伯斯說：「專注的力量很強大。新創公司就有非常清楚的專注目標。專注跟說『好』無關，而是要對眞的很棒的主意說『不』。」

賈伯斯對蘋果的員工諄諄教誨這個理念。値得注意的是，他不是第一個這麼想的人。通常會這麼想的人來自美學界，而不是企業界。路德維希・密斯・凡德羅（Ludwig Mies van der Rohe）是包浩斯建築學派的弟子，曾經設計過紐約的西格拉姆大廈等美國摩天大樓。他有一句名言說明了現代派建築師對於裝飾的鄙視：「少就是多。」《時尚》雜誌一九六三到七一年間的掌舵者戴安娜・維蘭（Diana Vreeland）很喜歡說：「優雅就是拒絕。」然而，賈伯斯所處的產業卻對所有東西都說「好」。微軟的 Word 文書軟體有一堆一般使用者根本不會發現的功能。蘋果的麥金塔電腦則是「開箱即可用」，是簡約的代表。

在「說不」的藝術方面，賈伯斯的佈道對象通常只限於蘋果內部的員工，不過有時候他也會接受邀請，在公司以外的地方宣揚自己的理念。二〇〇七年楊致遠重新擔任雅虎執行長後不久，曾在索菲特舊金山灣飯店召集了兩百位左右的公司高階主管，主題是他將如何重建這個面臨危機的公司。爲了提振主管們低迷的士氣，他邀請賈伯斯來演講。楊致遠和賈伯斯年紀大約差了十歲，但他們有許多共同點。兩位都是知名矽谷企業的創始者，而且企業皆取得了瘋狂的成功，改變了產業的遊戲規則，但接著他們都退位，將自己的領導權交給經驗較爲豐富的主管。他們也都看著自己的公司漸漸沉到谷底。楊致遠回鍋雅虎，就跟賈伯斯十年前重返蘋果一樣。

賈伯斯向雅虎的主管們描述他重返蘋果時，情況有多危急。那時蘋果只剩下九十天左右的現金，然後微軟的投資讓蘋果暫時不用擔心資金的事。他不斷大幅整頓、削減成本，直到 iMac 終於能夠問世。賈伯斯告訴雅虎的聽眾：「所謂的策略，就是找出不要做什麼。」一個實際的例子是，當時蘋果的主管非常希望研發 PalmPilot 一類的個人數位助理裝置，但他拒絕了。他希望專注在讓麥金塔產品線起死回生。賈伯斯給雅虎的建議是：「就選一個你們做得非常好的東西。而我們那時候知道，我們做得很好的東西是 Mac。」

接著，賈伯斯又對著楊致遠和雅虎主管給了蘋果式的良心建議。他告訴他們：「雅虎似乎很有趣。雅虎可以是任何你們想要的公司。我是說眞的。你們有優秀的人才，又有多到花不完的錢。但老實說，我搞不清楚你們究竟是數位內容公司，還是科技公司。選一個吧。我當初就知道我要選哪一個。」一位在場的雅虎前主管說：「眞是令人慚愧。我們知道他是對的，但我們也知道我們無法選擇。」（楊致遠二度擔任執行長的時間沒有賈伯斯那麼久。他在二〇〇九年再度放棄那個位置，雅虎也繼續衰弱下去。衰弱的原因，有一部分就在於雅虎無法選擇。）

蘋果選擇了不斷說「不」。它本來不做手機，好幾年都是如此，而且常常說並不想跨足手機業（這種說法有點不太坦白）。事實上，蘋果在研發 iPhone 之前是研發 iPad，但因爲後來判斷時機不適合平板電腦，所以才轉了方向，先做 iPhone（第一支 iPhone 在二〇〇七年上市，iPad 則晚了三年）。多年來，蘋果都要很努力才能維持一定的企業客戶，因此蘋果不再重視他們。今天，蘋果雖然擁有專門服務企業的銷售團隊，不過即使是大公司，還是會跟蘋果的經銷商買東西，因爲經銷商可以提供企業導向的顧客服務。

對於大型科技公司來說，將「企業對企業」業務當成次要業務是很重大的「忽視策略」。賈伯斯的理由是，蘋果希望把產品賣給使用者，而不是ＩＴ經理。況且，蘋果的行動裝置大受歡迎，已經成功地攻入大企業裡，把產品行銷給眾多員工，而不是資訊系統的專家。蘋果公司說，財星五百大企業裡面有百分之九十二正在測試或部署 iPad，這效果就跟瞄準大企業、企圖賣產品給它們是一樣的。事實上，員工會拉著雇主買他們想要的科技，這種現象被稱爲資訊科技的「消費端化」（consumerization）——一股由蘋果帶起來的風潮。

庫克以前老是喜歡說，只需要一張會議室的桌子，就可以擺下蘋果所有的產品。這般精簡的產品線是「後一九九七年時代」篩選的結果。從前蘋果賣各式各樣的電腦，但新團隊上任後，一共只賣四種：兩種桌電與兩種筆電。一直到今天，蘋果基本上還是只賣四款 iMac：兩種螢幕尺寸、兩種處理器規格（如果要了解這樣的分類有多精簡，可以把 iMac 目前的型錄，跟惠普網站那一堆取了糟糕名字的一體成型個人電腦比一比）。

「簡約」存在於蘋果產品的 DNA 裡，也存在於蘋果的組織架構裡。一位前主管說：「蘋果不會一年製造二十種優秀產品，它一次頂多有三個能得到高層關愛的計畫。公司的做法是刪減。執行團隊永遠都在尋找最適當的時機，選擇最適當的科技。如果你一次做一百件事，就不可能用蘋果的方式來做事。大部分的公司都不願意只專注一件事，因爲害怕可能會失敗。要把點子從二十五個篩選到剩四個，是一件讓人心驚膽顫的事。」

蘋果的新成員都會經歷「說不」的震撼教育。一位公司被蘋果併購的主管，形容自己是如何慢慢習慣蘋果的文化：不符合嚴格財務規範的案子會被退、平常要躲避新聞媒體的注意，以及遵守嚴格的定價方案。他說：「〈約束的力量〉跟其他東西一樣，會慢慢灌輸給你。案子要採極簡約原則，不可以過度。不可以跟公關有過多的接觸，講話不可以過度。什麼東西都不能過度。」

蘋果也把拒絕的藝術用在產品上。公司內部常會批評，賈伯斯一次只對少數幾個計畫投以關愛的眼神；但蘋果很重視的一點，就是好的產品設計不能有太多不必要的功能。往好處來想，你會得到只有一個簡單按鈕的音樂播放器，或是一台沒有太多「垃圾軟體」的桌上型電腦（賈伯斯很喜歡用「垃圾軟體」這個詞來罵人）。其他ＰＣ廠商就常常會用太多不必要的功能，折磨自己的消費者。不過以壞處來說，太過簡約的思考模式則會讓某些功能遲遲無法推出。大家都知道消費者想要哪種功能，蘋果也非常想要提供那種功能給消費者，但蘋果的產品就是一直沒有那種功能。一位沮喪的前主管問：「究竟要花多少時間，才能讓iOS有剪貼的功能？」（顯然這位主管有用iPhone。）答案是兩年。二〇〇九年六月問世的iPhone 3GS是蘋果第一支作業系統擁有基本文字剪貼功能的手機。第一台iPad沒有照相機，因此一年後iPad 2問世的時候，消費者又有理由再買一台。

或許蘋果最極端的「拒絕」表現，就是公司高層並不會爲了營收而追求營收。當然，這不是說蘋果對賺錢沒興趣，也不是說蘋果沒有賺到大把的鈔票。重點在於，想辦法賺最多的錢並非蘋果文化的起點。二〇〇六年，蘋果設計長艾夫在藝術中心設計學院的「激進工藝研討會」

（Radical Craft conference）提到：「史帝夫談過蘋果的目標。蘋果的目標不是賺錢，而是做出很棒的產品，眞正棒到不行的產品。那就是我們的目標。如果產品眞的好，人們就會買，我們就會賺錢。」的確，蘋果有很多做法根本是把營收拒於門外。PC製造商之所以會在自家的電腦裡加進很多垃圾軟體（像是防毒軟體，或詢問使用者要不要購買的廣告），就是因爲有利可圖。蘋果常常放棄這種機會，因爲公司深信，高品質的產品最後自然帶來更多的利潤。這是標準的「放長線釣大魚」策略。

就連蘋果跟顧客收錢的方法，都展現公司的極簡風。蘋果知道顧客不喜歡排隊，而且排隊會拖長銷售過程，所以想出一個辦法，讓零售店的「銷售專員」可以隨時隨地替客戶結帳。不管是什麼點子，只要能夠加快銷售速度、簡化購物流程，就是好主意。蘋果零售部門的前高層主管喬治・布蘭肯希普（George Blankenship）回憶：「爲了讓顧客臉上出現笑容，我們算過要用什麼方式，才能加快店內產品服務區『天才吧』（Genius Bar）的速度。要用多少時間才能讓顧客通過結帳區？嗯，乾脆不要結帳區好了。到底爲什麼要有收銀機？」（蘋果零售店的員工可以在店內任何地方收取信用卡和 iTunes 帳號。）套一句前產品行銷部主管舒本的話：「蘋果執著的是使用者體驗，而非最大營收。」

4 永遠保持創業熱忱

賈伯斯在一九九七年重返蘋果的時候，蘋果跟其他大公司沒什麼不同，而「沒什麼不同」正是賈伯斯最不想要的東西。

當年賈伯斯離開後，專業經理人上台，在他們的領導之下，蘋果體制變得非常科層化。蘋果在美國和全世界各地都有工廠，有各式各樣的委員會負責不同的事務。管理階層出現封建領地，每個領地各有預算權，有的時候彼此利益還會衝突。一九九〇年代中期的蘋果缺少很多東西，其中一項便是一致的目標。

賈伯斯一回來，蘋果的企業文化就爲之一變。行動必須一致，再也沒有什麼領地。員工各自專心做他們最擅長的事，其他的事通通不准管。一直到今天，視覺設計師就負責繪圖，物流人員就負責物流，財務人員就負責計算盈虧。蘋果今天的公司架構，跟賈伯斯離開 NeXT 重返蘋果時，已經有了顯著的差別。

賈伯斯重返的時候，從廣告事務就可以看出蘋果變得分散，失去新創公司的活力。賈伯斯常說他當時必須同時面對十六個部門，每個部門都有不同的廣告預算。他馬上終結這種情況，宣佈從現在起，全公司只有一種廣告預算，每個部門必須想辦法贏得經費。賈伯斯後來自誇，經過他改造，蘋果的整體廣告支出在短時間內「上升」。雖然那時蘋果正處於財務危機，但這樣的整合代表公司決定從頭開始，公司與公司產品都要向上提升，不要為了服從某個部門或某個長官的命令而做事，甚至不要只想省錢。最炙手可熱的產品，將可得到最多的廣告經費。很顯然，這個「專注」的策略獲得成效，蘋果會砸大錢廣告少數幾項產品，而不是「雨露均霑」。蘋果漸漸再上軌道之後，就開始產生光環效應：iPod 的密集廣告讓人們開始走進蘋果零售店，然後他們會順便看到店裡的 Mac。iPod 的廣告間接提升了電腦的銷售——即使蘋果並沒有砸下大筆鈔票推銷電腦。

慘烈的盈虧結算數字讓人看見，蘋果需要更健康的公司架構。一九九〇年代中，蘋果看起來有賺錢的事業部，但其實整體虧錢。印表機部門就是一個例子。根據當時的會計數字，這個部門對公司有正面的「邊際貢獻」。但是，蘋果的印表機對顧客來說，跟其他公司的印表機沒什麼不同。而且若誠實一點來算公司的間接成本，就會發現印表機部門其實是個賠錢貨。賈伯斯馬上砍掉蘋果的印表機產品（另一個被砍掉的著名產品線，則是手持式個人電腦「牛頓」）。

這些年來，蘋果努力從一個過氣的偶像，重回世界巨星的地位。它用盡大公司的能力，擁抱新創公司的精神。蘋果總部以外的人不一定能看到這種做法的好處。蘋果採取了一些大膽的步驟，像是只讓少數員工知道公司的盈虧情形，而且採取極端的責任制。蘋果所建立的工作環境，是鼓勵員工要有大的想法，而且，不夠優秀的點子會馬上被發現。

賈伯斯常告訴大家，蘋果沒有「委員會」這種東西，但曾在蘋果工作過的人質疑這種說法。他們指出內部有些組織，不論是看起來或聽起來，就跟委員會沒兩樣，譬如「全球定價委員會」和「品牌委員會」。不過他們也承認，賈伯斯的確培養了一種特殊的企業文化：避免成立任務導向的常設小組，好讓公司的人專心執行蘋果的每一次計畫。賈伯斯說：「成立委員會，是爲了分散責任。但我們不這麼做。在蘋果你可以清楚知道誰該負責。」

DRI，出事就會倒大楣的人

「誰該負責」是蘋果很重要的一個概念，DRI這個字說明了一切。DRI是「直接負責人」（Directly Responsible Individual）的縮寫。公司分配的每個任務都有一個DRI，要是出了什麼問題，DRI就是興師問罪的對象。值得注意的是，DRI這個名詞在賈伯斯回蘋果之前就有了。對賈伯斯來說，「責任」一直是蘋果文化的一環，而不只是一個名詞。蘋果的基層員工也有相同感覺。一位前資深硬體主管說：「跟蘋果人談話的時候，他們有辦法大略告訴你他們是做什麼的。但面試其他公司的人的時候，他們卻很少有人能告訴你他們的工作是什麼，眞是不可思議。」另一位離開蘋果的行銷人員也說：「誰負責做什麼很清楚，一切細節都清清楚楚。我試著把這樣的做事方法帶到其他地方，但其他地方的人會說：『你在說什麼？』他們喜歡有兩三個人來共同負責。」

DRI是一種極爲有效的管理工具，被奉爲蘋果公司的「最佳實務」，員工口耳相傳，一個世代接一個世代傳下去。一位離職員工說：「在蘋果開一場有效率的會議，一定會有『行動清單』，旁邊寫著DRI是誰。」蘋果的事件行銷小組（event marketing group）的標準做法是準備一份「一覽表」（At a Glance），上面寫著產品事件的詳細時間表。每項工作除了時間、地點之外，還會列出DRI是誰。同樣的，在產品發表的幾個禮拜或幾個月之前，蘋果會有一本內部稱爲《交通規則》（*Rules of the Road*）的手冊，裡頭即使是最小的項目也會有DRI。一位離職員工說：「我們在準備產品發表的時候，每一項工作都會列著一個DRI，也就是如果出事就會倒大楣的人。」

賈伯斯除了把「委員會」當成一個不能說的髒字眼，「損益」也是賈伯斯唾棄的名詞。一般來說，「損益」代表著公司管理者的力量。在蘋果以外的世界，如果企業裡的某個人說他「操控著損益表」，那就是在宣示自己的領土。哲學家笛卡兒曾說「我思故我在」，換到企業界則是「我掌控自己的損益表因此我存在」。掌控損益表的主管，有權也有義務爲公司創造利潤。他們揮動著損益之劍，必須做出聘用與解雇的決定，也必須制定策略與分配資源。這些人的頭銜通常是「總經理」，有的時候則叫做「副總裁」。

在賈伯斯的領導下，只有一個主管「擁有」損益表，那就是財務長。賈伯斯制定了一個體系，在那個體系裡，只有財務主管要負責預算的事。賈伯斯強迫每個功能性主管專心在自己的強項上。蘋果各層級的經理都說，他們很少要爲財務分析煩惱，也不需要計算潛在的投資報酬來爲自己的決定辯護。一位前行銷主管說：「我想不起來有任何一次的討論是跟錢或支出有關。」這句話很普遍，只要你訪問曾經在蘋果工作的員工時都會聽見。他們不談支出的原因，是因爲他們的上司也不談。只有賈伯斯有權力討論這件事，而且賈伯斯只透過財務長來監控一切。蘋果經理和蘋果員工的一舉一動，幾乎就像富有的天之驕子一樣：他們可以取得無限的資源去做有趣的事。他們不需要考慮他們的點子、他們需要的元件，或是他們想要嘗試的東西得花多少錢。他們唯一受到的限制，就是「父母」會給他們多少錢。

一切的事都會在兩週內決定

除了員工不需要擔心損益之外，蘋果跟許多企業不同的一點，在於它的組織是依功能來分，而不是依據產品或其他的架構概念。大型企業很少能夠依據功能來組織，那就是爲什麼公司在超過一定的規模之後，就會分成不同的事業部。然而，依據「功能」來管理正是蘋果成功的關鍵。榮恩・強森（Ron Johnson）離開零售商 Target、成爲蘋果零售部門主管時，零售存貨的控制權不在他手上，而是由當時的全球營運資深副總裁庫克負責。強森沒有挑選哪些產品要放在店裡，而是把蘋果全部的產品都擺進去。他當然還是有掌控很多東西，包括展店位置、商店設計、店面購買、人員訓練等等。在大部分的公司，負責網站銷售的主管會掌控網站上放的圖片影像，但蘋果不然，蘋果是由圖像藝術團隊來爲整間公司挑選。

在蘋果與衆不同的管理架構下，主管只擁有有限的權力，但同時也不需要擁有第一流的管理能力。蘋果會請你來工作，是因爲你很會打球，而不是因爲你很會當教練或經理。設計長艾夫的設計理念得到廣泛的推崇，但大家也公認他對財務一竅不通。有的人可能會覺得這是一個弱點：艾夫是蘋果最有權力的主管之一，多年來都上達賈伯斯的天聽，但卻沒有生意上的頭腦。然而從另一方面來看，這點卻跟蘋果是天作之合。艾夫很出名的一件事，就是他能讓製造與營運團隊爲了他的設計理念，完成看起來行不通的要求。讓他的理念成眞要花多少錢，是別人要煩惱的事。這樣的行事風格，最後得出來的就是蘋果的產品，例如艾夫異想天開地堅持iPhone 必須擁有不鏽鋼的框，iPad 必須使用工業等級的玻璃，這些都是那些擔憂預算的經理永遠做不出來的產品。如果艾夫綁手綁腳，必須擔心財報數字，蘋果在美國東岸曼哈頓第一家零售店想要使用義大利大理石的時候，他會堅持材料必須先運到西岸加州的庫比蒂諾，給他檢查嗎？

「一般管理」的概念是要提拔全能、左右腦兼備的人才，必須從不動產到供應鏈、行銷、金融通通都會，無所不包。但在蘋果，「一般管理」是個不可以碰的危險話題。蘋果的做法牴觸一百年來工業社會中的商學院所教的東西，特別是二戰以後哈佛商學院所教的「一般管理」。賈伯斯喜歡新創公司的活力，長期以來，他一直很厭惡「一般管理」。他在一九八〇年代創立蘋果的時候，曾經斥責推出拍立得相機的寶麗來（Polaroid）與全錄等大公司已經失去自己的精神。賈伯斯在一九八五年接受《花花公子》雜誌訪問時曾說：「公司大到價值數十億美元的時候，就會不知道怎麼搞的，失去原本的願景。他們會在經營公司的人跟實際在做事的人之間，插入一堆中間管理階層。他們對於自己的產品再也沒有那股從心底升起的情感與熱情。有創造力的那些人，那些用熱情在關注產品的人，明明知道什麼是對的、什麼才是該做的事，卻必須說服五層的管理人員。」

賈伯斯重返蘋果時，發現它已經變成十年前他痛罵的那種公司。賈伯斯說：「蘋果出問題的地方，不是貢獻心力的那些人。我們必須擺脫的，是大約四千名左右的中階主管。我們要把優秀的技術人員升上去做經理。」賈伯斯知道蘋果的做法跟別人不同。「蘋果的升遷方式跟奇異公司（GE）不同。我們不會把你派到剛果去。我們不認爲經理必須樣樣通。」

蘋果採取的是「由上而下」的管理與人才培育方式。最上面是一個全知全能的執行長，由一個強而有力的執行團隊（executive team，蘋果上上下下都簡稱這個團隊爲ET）來輔佐。賈伯斯曾經說過：「執行團隊的功能是協調與整合一切，爲公司立下大家要遵循的基調。」蘋果的執行團隊一共有十位成員，包括執行長以及產品行銷、硬體工程與軟體工程、營運、零售、網路服務與設計部門的最高主管。以上這些人，全部對蘋果的產品直接有權責。除此之外，財務長和法務長也是這個團隊的成員。

執行團隊每週一開會，主要的會議內容是檢視蘋果的產品計畫。這聽起來也許像是一般公司會進行的流程，但蘋果團隊專注於產品研發細節的程度，到了很不尋常的境界。蘋果的產品數目非常少，執行團隊只需要每週會面兩次，就可以把全部的產品看過一遍。蘋果的架構也許是由上而下沒錯，但執行團隊的制度卻產生了一種由下而上的管理方式。公司每個部門的團隊，永遠都在幫自己的老闆或是老闆的老闆準備資料，讓他們能夠在執行團隊的會議上報告進度。事實上，各個團隊會召開自己的會議，準備執行團隊或其他高層會議的報告資料（庫克當營運長的時候，他會在禮拜天的晚上，用電話針對即將舉行的執行團隊會議召開預備會議）。前蘋果設計師安德魯・波洛夫斯基（Andrew Borovsky）說：「每個人都在爲禮拜一的報告準備。執行團隊會檢視每一項重要的計畫。」

蘋果嚴格遵守這種「由下往上溝通/由上往下管理」的體系。這說明了爲什麼蘋果可以做出快速且清楚的決策。一位前硬體主管說：「一切的事都會在兩週內決定（賈伯斯說，如果產品討論不能在一個禮拜內搞定，那就加到下禮拜的議程）。年輕的工程師知道，自己的東西會被報告給高層知道，他們知道自己的工作很重要。」此外，蘋果的員工也知道爭論不會沒完沒了，「曾經有人告訴我：『雖然我不是每次都同意公司的決定，但我知道最終會有一個決定出來。』」

對於執行團隊以外的主管們來說，這個每週一次的高層產品檢視會就像一種研習營。當他們身上的責任逐漸加重之後，賈伯斯會邀請他們參加部分的執行團隊會議，慢慢讓他們參與更多的決策過程。

蘋果飛快的決策速度還有一個原因，就是在執行團隊之外，資訊會得到明快的溝通。一般來說，「進去」的資訊會比「出來」的資訊多。蘋果的各個團隊會迅速得到意見回饋，不過，只限他們被認爲需要知道的東西。「有需要知道才能知道」的心態，解釋了爲什麼蘋果有一堆四周圍起來、需要特殊證件才能進出的秘密辦公室。蘋果不讓特定員工管其他同事的事，以營造出一種幻覺，讓員工覺得自己並不是在替一家大公司做事，而是一間新創公司。一位離職的蘋果工程師說：「這有部分是在做戲，有部分是神經兮兮的偏執結果，但這一切有目的。蘋果很努力讓自己遠離一切大公司的缺點。」

一個例子是，iPhone 團隊剛成立的時候，跟 iPod 團隊彼此完全不往來。當時 iPod 是蘋果最重要而且成長快速的產品，但 iPhone 團隊被允許挖 iPod 團隊和公司其他部門的工程師，原因是高層決定 iPhone 是公司裡最優先的事。一位同時認識 iPod 和 iPhone 團隊主管的觀察人士說：「如果是一般的大公司，就會擔心 iPod 的人被挖走，因爲這會造成文化和技術上的緊張關係。」在蘋果，這種緊張關係可能帶來的影響則被降到最低，因爲這兩個團隊的人根本互相不講話。剛成立的團隊可以假裝自己沒有大公司的包袱。

只要「使用者體驗」，其他不必多談

清楚的方向、個人責任、緊急意識、不斷的回饋以及明確的使命，將以上這些公司特質加起來之後，就能開始感受到「蘋果價值」。在企業的世界裡，「價值」是個含糊的主題，這個詞彙也可以用「文化」或「核心理念」來代替。但在蘋果的例子裡，如果我們能評估蘋果價值究竟有多深植於整間企業，就可以預測在賈伯斯去世之後，蘋果在未來的表現。賈伯斯流浪在外十多年、棲身於NeXT與皮克斯的時候，對於蘋果價值的消失感到十分痛苦。他在一九九五年接受「史密森尼機構」訪問時曾經表示：「是價值觀毀了蘋果。史考利毀了蘋果，他把一套腐敗的價值觀帶進蘋果高層，讓部分的高階主管腐化。他把那些不能收買的人趕出去，然後帶進更多腐敗的人，付給他們幾千萬美元。那群人只關心自己的榮耀跟財富，不在乎蘋果最初的精神。蘋果最初的精神是要做出好的電腦給大衆使用。」（二〇一一年，前執行長史考利一開始拒絕回應賈伯斯這個十多年前的評論，後來則舉出他在蘋果的貢獻，像是成就了麥金塔電腦。此外要注意的是，賈伯斯很喜歡用「腐敗」這個詞彙罵人，但一般來說，他都是用來形容別人用了錯誤的做事方法，不是眞的指對方做了違法的事。）

如果說賈伯斯認爲，蘋果在他缺席的那段期間執著於金錢，那麼新的執著則是「使用者體驗」。對於蘋果的員工來說，「使用者體驗」就像是一組簡潔的關鍵字，只要提到使用者體驗，其他就不必多談。一名前高階工程師主管說：「這個地方有一股熱情。跟其他公司的人互動時，你會發現他們聽不懂別人想說什麼，他們只會空談策略。你試著跟他們解釋不要做什麼的時候，就好像是用外國話在跟他們講話一樣。但是在蘋果，你只需要說一句話，十五件事有十三件大家就知道你在說什麼，不用多說。只需要一句話就可以了。」

蘋果的方式很直接，一切都追著最後期限跑。二〇〇〇年代初期負責蘋果網路商店的麥克・簡司（Mike Janes）說：「日期都預先排定了，時間到就是要完成，沒有什麼好說的。蘋果沒有什麼『創新者的兩難』這回事。」「創新者的兩難」是克雷・克里斯汀生（Clay Christensen）一本暢銷書的書名，指的是大公司會因爲不願意犧牲目前的營收，而無法預測下一波的趨勢。「沒有兩難這種事，」如果事態緊急，「你必須解決一件事，那麼今天下午或明天就開會，不要等到還需要在日曆上記下日期。」

蘋果的組織散佈各地，但它也是一個以總部爲中心的企業。的確，蘋果在全世界都有銷售辦公室和直營零售店，而且製造基地設在中國，但整個經營團隊只在庫比蒂諾辦公，他們會彼此交流，通常是面對面討論。爲數不多的副總裁通常直接向執行團隊的成員報告，換句話說，執行長在了解整間公司的情形時，中間只有「一度分隔」。如果有必要的話，蘋果人會在下一秒鐘就跳上飛機，公司沒有視訊會議或是跟很多人電話會議的文化。一般開會的地點都是在庫比蒂諾。

此外，蘋果組織讓人感覺只有庫比蒂諾的人才是眞正可以信任的心腹。前 iPhone 產品行銷主管波切斯回憶，有一次爲了 iPhone 要在英國和德國上市，派了四十多個人從總部飛到歐洲：「蘋果決定派出庫比蒂諾的人，也就是那些參加過 Macworld 產品發表會的人。」波切斯指的是二〇〇七年 iPhone 在舊金山莫斯克尼會議中心（Moscone Center）的發表會。「我們採取的方法不是訓練另一批人，甚至不是訓練區域分公司的人，而是『不，就帶那些已經做過這件事的人去。讓他們坐飛機過去』。有一個禮拜的時間，我們等於是讓其他所有的產品行銷工作通通停擺。」

只用 A 級人才，但替補球員不多

在一間以職能而非部門來組織的公司，領導者必須擁有「識才」的核心能力。賈伯斯認爲企業家和執行長最重要的工作，就是挖掘與推薦人才。一九九五年的時候，找到人才是賈伯斯最關心的一件事。他已經被蘋果踢出門十年，離他返家還有兩年的時間。在史密森尼的訪談上，賈伯斯討論人才相對值，就好像對沖基金經理人在討論槓桿操作一樣：

> 我一直認為，我有一部分的工作，是要讓組織中一起共事的人保持在非常高的素質。我認為，那是我個人真正能有貢獻的地方，也就是企圖逐漸改變組織的想法，只讓內部擁有「A級」的成員。因為在這個領域，就像其他很多的領域一樣，最好的與最糟的人才是有差距的。能夠載你穿越曼哈頓大街小巷的計程車司機，最好與最糟的差距可能是二比一。最好的司機可以在十五分鐘之內把你載到目的地，最糟的要花三十分鐘。又或者是廚師，最好跟最糟的廚師之間，差距可能是三比一。你還可以舉出其他的例子。以我這個領域來說，最好跟最糟的人大約是一百比一或再多一些。一個好的軟體人才跟一個優秀的軟體人才是五十比一，或是二十五到五十比一，中間差異很大。因此，我發現不只是軟體，不管我在做什麼，尋找全世界最好的人才，真的可以帶來極大的報酬。

蘋果前主管簡司回憶，賈伯斯在人才這件事上，有一句更簡潔的語錄：「A級公司雇用A級人才，B級公司雇用C級人員。我們這裡只要A級。」

如果能學會接受蘋果的成文與不成文聘僱條件，進入蘋果的員工通常會在蘋果待上很久。賈伯斯辭去執行長位子時，執行團隊除了法務長和財務長以外，最晚都在二〇〇〇年就加入蘋果。中階員工也是一樣，工程師更是死忠的一群。工程師從可以買第一台Mac的年紀開始，就夢想著可以在蘋果工作。其他公司都說很難從蘋果挖角，特別是挖工程師。當然，蘋果也有優秀員工離開。如果問他們原因，他們的正面回答通常是想要追尋個人夢想，而不是蘋果的夢想。蘋果的前設計師波洛夫斯基說：「你在蘋果就是做蘋果的產品。」波洛夫斯基離開蘋果後開了一家自己的設計顧問公司。

毫無疑問，蘋果的人才是世界第一流的，但很會做事還不夠。如果要在蘋果如魚得水，你必須沒有自我，還要非常狂熱。首先，套一位前主管的話來說，蘋果的員工不管是非常資深或非常菜鳥，都必須能夠「在門口認清自己的身分」，「你會被蘋果聘進來是因爲你擁有某種專長，某種對公司來說有用的東西。」賈伯斯便曾經誇耀，蘋果擁有全世界最好的冶金師。

但從另一方面來看，蘋果內部很少有流動的機會，而且最近公司有一個明顯的趨勢是會從外面挖角。一位負責徵才的員工說：「這是一種替代文化而非培訓文化。」一位兩度在蘋果工作的主管說：「我知道的例子裡，被降職的人比得到升遷的人多太多了。那些人被一個團隊逐出去，必須想辦法在蘋果別的地方找比較低的位子，然後繼續等著執行（股票選擇權）的一天。」願意接受降職的蘋果員工常會講一句自嘲的話：「至少我還在蘋果。」這句話讓人聯想到排名吊車尾的醫學院畢業生「至少還是個醫生」。

蘋果不見得適合每一個人。一位跟蘋果員工常有接觸的獵人頭公司員工說：「蘋果的步調又快又緊湊，裡頭的人必須非常、非常努力工作，大家的身上背著很多的事，而且必須在很短的時間內完成。蘋果有一種神祕的氛圍讓人神往，人們都想去試試看。大家都想要參與很酷的事，但等他們眞的進去蘋果之後，都會說：天啊，這眞的不是我所想像的那種超炫公司。」事實上，蘋果員工很常說的一句話就是：每個在蘋果裡的人都想出去，每個在蘋果外的人都想進來。

蘋果的做法也有缺點。史丹佛商學院教授查爾斯·奧賴利（Charles O'Reilly）研究領導學、組織文化與人口學，他認爲，蘋果之所以能夠不採用傳統的組織架構，改採功能導向的方式，原因只有一個：「一直以來，蘋果能夠避免成爲受市場驅使的大型組織，是因爲所有的事都由賈伯斯來決定。」奧賴利又說：「人們習慣膜拜成功的殿堂。」他預測賈伯斯去世之後，蘋果原本特立獨行、缺乏「一般管理」的企業風格，將會變成不利因素。的確，大約就在賈伯斯不再擔任執行長、庫克接手之後，蘋果開始尋找高階主管，包括新的零售長、新的產品行銷第二把交椅，以及新的銷售長，因爲過去銷售的事都是向庫克報告。蘋果的組織圖非常精簡，大約只有七十位的副總裁與兩萬四千多名的非銷售職員工，可以替補的板凳球員並不多。

那些被蘋果找進公司、充滿雄心壯志的人，常常會覺得要保持低調很困難。這麼多年來，庫克是唯一賈伯斯允許擔任其他公司董事的蘋果主管（他是耐吉的董事）。其他人則被警告不能爲非營利組織掛名；如果要的話，也不能讓別人知道他們在蘋果工作。很顯然，蘋果不想讓個別的員工替蘋果「發言」。賈伯斯曾經提過，他最擔心的事就是焦點分散。二〇〇九年，米勒在自己創辦的行動廣告公司被蘋果買下後，成爲蘋果副總裁，他曾經問賈伯斯他可不可以擔任某家私人公司的董事，那家公司跟蘋果所處的產業毫不相干。賈伯斯的回答是：「什麼？你連這裡的事都幾乎應付不來。」米勒知道，賈伯斯這句話已經算是他對別人很大的讚美，「你還想花時間幫別人的公司？連佛斯托爾我都不准他出辦公室。」佛斯托爾是蘋果的行動軟體長，他是高階主管，而且在蘋果的影響力比米勒大很多。不用說，結果就是米勒回絕了擔任董事的邀請。

沒有「課外活動」，所以每個人都很專心，但這也造成員工有「島民」性格。麥金塔時期的蘋果主管在整個任職期間，除了幾個來往密切的供應商之外，幾乎跟外界沒有任何互動，畢竟他們的年代，是在 iTunes 與 iPhone 讓蘋果成爲產業炙手可熱的話題之前。一位離開蘋果另謀高就的主管說：「基本上我認爲在蘋果待太久的人，沒有辦法在其他地方工作。蘋果那個地方不符合現實世界。」另一位離職的主管將一位剛退休的同仁比喻爲剛獲得自由的囚犯：「他好像在監獄裡待了二十年一樣。等他出去的時候，誰都不認識了。」

不要超過一百！

事實上，一般的蘋果員工根本不需要認識很多人，只需要認得身邊幾位同事就夠了。人類學家羅賓・鄧巴（Robin Dunbar）在一九九二年提出一個理論，他認爲平均來說，一個人類無法同時跟一百五十個以上的人維持有意義的關係。鄧巴的理論來自於科學觀察，他曾經觀察過野外的靈長類，並研究牠們的「自我理毛」習性（也就是動物在求生存的時候，牠們如何互相照顧）。賈伯斯則觀察過另一群不同的生物：一九八〇年代研發第一代麥金塔電腦的工程師。他得到跟鄧巴相同的結論。他第一次在蘋果繞了一圈之後，就宣佈麥金塔部門不可以超過一百個人。

在那之後，控制小型團隊規模，特別是一百這個人數，就成爲很重要的蘋果文化。蘋果並不是唯一在意人數的企業，其他企業也一直試著了解，怎麼樣才能進行「臭鼬計畫」（譯注：指由非正式的小組獨立進行的最新尖端研發），或是如何能成立獨立於其他部門的「特種部隊」並把重要的任務交給他們。例如亞馬遜（Amazon.com）便採取「兩個比薩」原則：一個團隊的人數，不能超過晚上加班大家想吃東西的時候（這是很可能會發生的事），兩個比薩能夠餵飽的人數。

蘋果常常會把任務交給小組。例如，蘋果要讓 Safari 瀏覽器支援 iPad 的時候，寫程式碼這個浩大的工程，只有兩名工程師在負責。新創公司處理重要工作時都是這樣做的。但新創公司會這麼做，是因爲公司裡沒幾個人，不得不如此，而不是經過思考的管理決策。前蘋果設計師波洛夫斯基說：「如果二到四個人就可以搞定，就不需要二、三十個人。很多公司都會找來二、三十個人，蘋果則是讓很小、很小的團隊，負責非常重要的計畫。新創公司就是有那樣的好處。」

賈伯斯有一個「Top 100」（頂尖一百）超級秘密集會，指的正是一個小團隊。那是一群賈伯斯奉為蘋果最重要的人，而 Top 100 同時指這些人也指會議。賈伯斯還很健康的時候，Top 100 集會大約每年會舉行一次；他的身體狀況走下坡之後，聚會的時間就比較不一定。賈伯斯曾經表示，要是蘋果這艘船沉了，要讓公司重新開始的話，他會讓 Top 100 一起跟他搭上救生艇。出席 Top 100 是人人夢寐以求的事。對於被邀請的主管來說，這更是人生中的大事。受邀者會激動不已，因為賈伯斯邀不邀請一個人出席 Top 100，基本上是依據他對那個人的評價，而不是那個人在公司的位階。如果賈伯斯要某個人出席，就算是很低階的工程師，也可能參加；就算是副總裁，也可能被排除在外。一般來說，被排除在外會讓人很受傷，而那正是賈伯斯想要達到的結果，甚至可以說是幸災樂禍。

Top 100 的每件事都很神秘。多年來，Top 100 都在加州聖塔克魯茲的香米納水療度假飯店舉行，後來則移師蒙特利灣對岸的卡梅爾谷牧場度假村。參加者不能自行開車前往，於是，一群有錢的重要主管必須在庫比蒂諾搭巴士南下。此外，與會者會被告誡不能將會議寫在行事曆上，在公司也不准討論這件事。當然，這種防範措施很蠢，因為高階主管需要部屬幫他們準備會議簡報。不曾得到榮寵受邀參加的經理海立回憶：「我們會幫參加 Top 100 的人準備資料，然後在他們出發前往會議地點後，開玩笑地舉行我們自己的『底層一百』（Bottom 100）午餐會。」

Top 100 的一切細節都是秘密，連會議開始前，都必須先確認屋內有沒有竊聽器。與會者討論產品樣本的時候，賈伯斯會禁止送餐點的服務生進入房間。有一次他甚至鼓勵坐在一起的人互相自我介紹，以防有偷偷摸摸混進來的人。

一旦在度假村安頓好了之後，Top 100 的成員會開始詳細檢視蘋果接下來十八個月左右的產品計畫。賈伯斯會坐在會議室的前方，先發表他抱持的公司願景，然後會議正式開始。在他的主持下，主管一個一個輪流上台報告。大家的報告都會有賈伯斯級的水準，也就是說，所有的發表人都會投入大量心力。一名參加過許多次 Top 100 會議的主管回憶：「一天會有六場報告，每場只有一小時。在會議上你可以隨心所欲地談事情，不需要擔心保密的事。一切的事情都可以攤開來講，不管是正面的、負面的，通通都可以。」

Top 100 會議的用意，是要讓執行團隊下面的主管們能夠緊密結合，畢竟在蘋果這個嚴格執行隔離政策的公司，他們很少有機會可以互動。此外，Top 100 會議還可以讓人搶先日睹公司即將推出的產品。蘋果商店的概念便是在一場 Top 100 會議中揭曉，第一台 iPod 也是。

賈伯斯在二〇一〇年十一月參加了人生最後一場 Top 100 會議。他驕傲地秀出 iPad 2，讓大家看 iPad 2 嶄新的彩色磁吸保護套（當時距離上市還有四個月的時間）。那次會議的高潮，則是賈伯斯跟主管之間的問答時間。一位主管問賈伯斯爲什麼不多從事一點慈善活動，賈伯斯回答，他認爲給錢是一種浪費時間的行爲。那次 Top 100 會議的某個晚餐時間，正好遇上舊金山巨人隊贏得美國職棒世界大賽冠軍。由於在場許多主管都是巨人隊的球迷，他們在會議上顯得不太專心，弄得賈伯斯很不高興。賈伯斯是個對體育完全沒興趣的人。

Top 100 主要是蘋果公司內部的活動，不過偶爾也會有公司以外的人露面。蘋果跟英特爾合作讓麥金塔電腦開始採用英特爾晶片的那一年，英特爾的執行長保羅・歐德寧（Paul Otellini）就出席了 Top 100 會議。蘋果準備踏進手機世界的時候，它在美國電信龍頭 AT&T 的主要聯絡人格雷・勞瑞（Glenn Lurie）與保羅・羅斯（Paul Roth），也曾對著蘋果的電腦產業主管，簡報無線世界的歷史。勞瑞在跟蘋果談 iPhone 生意時，只見過很少數的人，而他回憶在那次的會議上，見到了許多平日見不到的蘋果主管。他說：「我在離開的時候，對好多人印象深刻。」（勞瑞在蘋果合作案中扮演的角色對他而言非常重要，所以在 AT&T 官網上，他的個人簡歷寫著：「負責 AT&T 與蘋果公司間目前的合作關係。他所主持的協商讓 AT&T 能夠提供 iPhone 客戶服務。」簡歷中也提到勞瑞短暫的職業足球生涯，但沒有提到任何其他 AT&T 夥伴的名字。）

Top 100 開會的時候（當然，官方行事曆上這場會議並不存在），被留在辦公室的人會用力地交頭接耳，討論著空蕩蕩的辦公室以及消失的重要人物。沒有搭上賈伯斯救生艇的員工回憶：「理論上我們不該知道他們去了哪裡，但我們全都知道他們在哪。同樣的，他們人在那裡的時候，理論上不應該在工作，但他們還是會收發電子郵件，不時還會打電話回來，以免錯過太多辦公室動向。」

除了蘋果，其他公司其實也會舉辦自己的 Top 100 會議，但受邀名單通常會採取比較平等的方式，而且行程會包括一些訓練課程，暗示與會者他們是被組織考慮升官的人。蘋果採取的員工職涯發展方式，再一次跟其他公司大相逕庭。一般在職場上，員工會考慮自己的成長路途：怎麼樣才能升職？我要怎麼做才能抵達下一個階段？同樣的，一般公司也會花很多的時間和金錢培養人才，讓他們能夠承擔新責任，或者說，會花很多的心力，幫助員工找到正確的位置。但萬一這種思考方式是錯誤的呢？萬一公司反而應該鼓勵員工安於現狀，因爲員工對於他們正在做的事很在行，而且更不要說他們留在原處，可能對股東來說是最好的一件事？

如果說，員工並不煩惱被困在同樣的工作裡，而是非常高興自己已經找到了完美的工作呢？當公司裡的人不認爲職涯發展等同於事業的滿足感時，或許一定程度的辦公室政治將會消失，畢竟，股東並不在乎員工的勢力範圍與自尊。很多專業人士發現，如果可以專心做自己拿手的事，領取吸引人的報酬，不用煩惱管理他人的事，也不用要手段想辦法在公司往上爬，那其實是一種解放。如果有更多的公司採取這樣的做法，那麼或許這樣的做法會成功，雖然成敗也很難說。就算是蘋果，沒有賈伯斯當執行長之後，或許過幾年這一套也會行不通。但如果有更多公司用這樣的模式思考，那它們一定會更像蘋果。

5 雇用信徒

就在賈伯斯宣佈要請六個月病假的一個禮拜後，二〇〇九年一月二十一日，蘋果由庫克坐鎮，跟華爾街的分析師及投資人進行了一場電話會議，當時蘋果剛剛公布季報。不出所料，第一個提問人的第一個問題，就是庫克的領導模式會跟賈伯斯有什麼不一樣的地方。另外，這位分析師也問了大家都想問但難以啓齒的問題：如果賈伯斯回不來的話，庫克會不會接任執行長的位置？

庫克並沒有四兩撥千金，用一些棒球球員和主管很愛用的官腔來回答問題。他告訴大家：「蘋果的執行團隊不管是在深度、廣度和年資方面，都是萬中選一。他們領導著三萬五千名員工，而且領導方法讓我覺得聰明絕頂。從技術工程到行銷、營運、銷售以及其他環節，公司都接受他們優秀的領導。我們的公司價值非常非常鞏固。」其實說到這裡的時候，庫克已經可以停下來，但他那時眞情流露，他是眞心在擔憂賈伯斯的健康狀況，而且他知道「蘋果社群」（包括顧客、開發商與公司員工）也很擔心，所以他又繼續回答，好像在背誦小孩在主日學學到的信條一樣：

我們相信，我們活在這個世界的目的，是要創造出好的產品，這點並沒有改變。我們一直努力創新。

「簡約」是我們的信條，「複雜」不是。

我們相信，我們必須擁有並控制公司產品背後的重要科技，而且只涉足我們可以有重大貢獻的市場。我們相信自己必須向成千上萬個計畫說「不」，如此一來，我們才能真正專注於少數幾個我們認為真的重要、真正有意義的計畫。

我們相信團隊之間應該密切合作、互相交流，這樣我們才有辦法以別人無法做到的方式來創新。坦白說，除了卓越，公司不接受團隊其他的表現。我們犯錯的時候，我們會對自己誠實，並有勇氣改變。

另外，我認為不論是誰待在什麼位子上，這些價值都已經深植在蘋果這家公司，蘋果會做得非常非常好。還有……我深深相信，蘋果正處於它有史以來的高峰。

從好幾個層面來說，這段脫稿演出太不平凡了。庫克在開頭的時候，先是彈奏出所有賈伯斯交響曲常有的音符。他闡揚蘋果的價值，引述蘋果的救世主任務。他提到了簡約、專注和永不放棄，這些全都是賈伯斯的招牌特色。

除此之外，在這次的電話會議中，一向默默無聞的庫克，還向外界少少的幾個人介紹了他自己。庫克已經在蘋果待了十年以上的時間；賈伯斯在二〇〇四年第一次接受胰臟癌治療的時候，也是由庫克來領導公司。然而，除了蘋果少數最高階主管、幾個重要供應商與企業夥伴之外，幾乎對所有的人來說，庫克都是無名小卒。庫克給人的印象，就是個無聊的機器人，專門負責所有賈伯斯不想碰的、沒有打鎂光燈的工作，譬如供應鏈物流、產品遞送、顧客支援、存貨管理、通路銷售與硬體製造。雖然賈伯斯不在的時候，是由庫克來治理公司，但很多人都認爲他永遠不會成爲執行長。賈伯斯在二〇〇九年因爲健康因素離開公司，就在那之前，還有位不願具名的矽谷重要投資人說，庫克會成爲執行長的可能性「是個笑話」，又說：「蘋果不需要一個僅僅會把事情做完的人。蘋果需要的是出色的產品人才，但庫克不是那種人。他是營運人員，而他待的公司是個會把那種工作外包的地方。」

在那次電話會議中，投資大衆至少了解到庫克這個人還有一點才智，而且不只有一點點的企圖心。此外，庫克讓人看到他有微微詩意的一面，或至少他是個有辦法鸚鵡學舌的人，有辦法複誦在著名機構所學到的詩。他的「我們相信」宣言，至少有部分來自他潛意識中阿拉巴馬州母校奧本大學的「我相信」校訓：

我相信這是個講求實際的世界，我只能依靠我賺來的東西，因此我相信人要工作，而且要辛勤工作。

我相信教育。教育可以給我知識，讓我以富有智慧的方式工作。教育可以訓練我的心智，給我的雙手更多技巧去工作。

我相信誠實與說真話的美德。唯有透過這樣的美德，我才可能贏得他人的敬重與信任。

我相信人應該擁有健全的心靈、健全的身體，無所畏懼，並在誠實的運動中培養這些特質。

我相信人應該服從法律，因為法律可以保障所有人的權利。

我相人類應該互相接觸，培養出對他人的同情心，並互相幫助，讓所有人都能得到幸福。

我相信我的國家，這不但是一片自由的土地，也是我的家。我能夠回報這個國家的最好辦法，就是「當個正直的人，對人要慈悲，並且謙卑地與上帝同行」。

奧本的男男女女都相信以上的事，我相信奧本並愛奧本。

庫克不但讓這次電話會議的聽衆驚艷，而且也提出了庫克版的「蘋果信條」。基本上，這個信條是賈伯斯在很多年前就許下的承諾。賈伯斯曾經承諾蘋果會做出「瘋狂美好」（insanely great）的產品，只是庫克的版本多了很多字。此外，庫克也大膽回應了評論者所提出的問題，這些人老是認爲賈伯斯離開之後，蘋果就會垮台（賈伯斯去世後立即出版的授權自傳中，作者艾薩克森提到賈伯斯「極度憤怒又沮喪」，因爲庫克宣稱「不論是誰待在什麼位子上」，蘋果仍然會做得很好）。庫克這位「物流先生」所擁有的願景，或許比一般人認定的多。

庫克：我不接受「沒辦法」這個答案

庫克與賈伯斯其他的重要副手就像風火水土等元素一樣，從他們身上可以看出在蘋果的生態系統裡，需要什麼樣的特質才能生存與茁壯。賈伯斯很聰明，他讓身旁聚集了一批人，這些人可以像他的分身一樣，幫忙分擔職務，但另一方面，他們又都各有所長。賈伯斯聘請的並不是「儲備執行長」，而是依據每個人的天賦來決定工作。庫克是鐵石心腸的系統人員，但他漸漸了解物流必須服務更高的使命。艾夫是天才設計師，老早在進入蘋果之前，就執著於做出美麗的科技。他沒有接掌公司的企圖，所以享受了蘋果員工所能有的最大自由。佛斯托爾是能與賈伯斯心意相通的工程師，長久以來他能夠克制自己的企圖心，取得兩項最熱門產品的團隊控制權——iPhone 與 iPad。在庫克當上執行長之後，佛斯托爾是否能開開心心擔任副手的角色，將會是蘋果內部最熱鬧的一齣戲。

蘋果非常執著於細節，就像偏執狂一樣保守內部的秘密，還要求員工永遠都要像在一家新創公司工作，要在這樣的一家公司出人頭地，你就必須願意讓個人抱負密切配合公司的目標。你必須捨棄在外面得到掌聲的慾望，甘於當一個「改變世界的有機體」的小細胞。不是每個人都能做到這點。如同無法忍受士官無理操練的預官一樣，有些人放棄了。而即使是蘋果的董事，也必須乖乖遵守規矩。別忘了這些董事都是口若懸河的重量級人士，包括前美國副總統高爾、生技公司基因泰克（Genentech）前執行長亞瑟・李文森（Art Levinson）、北美時裝零售店 J.Crew 執行長米勒德（米奇）・德萊克斯勒（Millard “Mickey” Drexler），但他們全都得扮演賈伯斯身邊的綠葉。

如果企業顧問麥考比所說的「有生產力的自戀者」一針見血，完全抓到賈伯斯如日中天時的性格，以及他對蘋果造成的深遠影響，那麼他的分析也能透露爲什麼庫克崛起。麥考比是這樣說的：

> 許多自戀者能夠跟另一個人發展出親密的關係。那個人是他的親密戰友，就像船錨一樣，能夠即時把他拉回來。然而，由於自戀者只相信自己的見解和自己看到的世界，那個副手必須能夠理解這位自戀的領袖，知道他想要完成的目標。自戀者必須把這個副手（有

的時候可能是好幾個人）當成是自己的延伸。此外，這個副手也必須擁有細密的心思，能夠維持兩人之間的關係。

企業史上不乏這樣的例子。眾所皆知，法蘭克・威爾斯（Frank Wells）一直在迪士尼扮演艾斯納的忠實隨從，迪士尼的觀察家甚至把艾斯納後來事業走下坡，歸咎於威爾斯的早逝（威爾斯在一九九四年的時候死於直昇機意外）。唐納德・基奧（Donald Keough）扮演著可口可樂傳奇人物古茲維塔的副手。雪莉・桑柏格（Sheryl Sandberg）曾經擔任 Google 高階主管與美國財政部長桑默斯的幕僚長，她讓自己成爲臉書執行長札克柏格不可或缺的左右手，專門幫這位年輕的創始人處理所有他沒興趣的公司事務，但又不會在他有興趣的領域上挑戰他。

庫克目前五十一歲，他扮演賈伯斯的忠實助手，已經有將近十五年的時間。在蘋果持續上演的「搭檔電影」中，他始終是完美的演員。賈伯斯喜怒無常的時候，庫克在一旁保持鎮定。賈伯斯花言巧語的時候，庫克負責誠懇請求。賈伯斯會直接把你罵到狗血淋頭，庫克則很少顯露情緒。一位觀察家用默不作聲的父母來比喻庫克：「你寧願他對你大吼大叫，然後罵完就沒事了。」賈伯斯是個什麼事都很戲劇化的人，而庫克則默默待在一旁。賈伯斯是右腦願景的代表，庫克是左腦效率的化身。賈伯斯的生父讓他有中東異國色彩，他身上有一股充滿動能的光環，可以讓周遭的人興奮起來。庫克則是典型的美國南方人：方下巴、寬肩膀、白皮膚、灰頭髮，加上和藹的外貌與舉止。賈伯斯戴著有特色的圓眼鏡，庫克則戴著透明無框、幾乎看不出來的鏡片。

嚴格來說，庫克不是賈伯斯的威脅。誰是搖滾巨星、誰是後頭彈低音吉他的人，相當清楚。賈伯斯的自我意識可以容忍庫克的崛起，因為庫克感覺不出是個有自我的人。

然而，正當蘋果忙著用願景改變這個世界時，蘋果的工頭庫克正悄悄在公司內部累積巨大的力量。他用很慢的速度，抓住一個又一個的責任，幾乎在他成為執行長之前，似乎沒有人注意到這件事。庫克原來不是蘋果人，更糟的是他曾經長期是擁有ＩＢＭ貴族血統的ＰＣ人。在賈伯斯一九九七年重返蘋果後成立的執行團隊中，他是最後一個加入的。他生於阿拉巴馬州的羅伯斯黛爾，那是一個「通往海灘」的阿拉巴馬南方小鎮。他念奧本大學，主修工業工程，畢業之後進入ＩＢＭ並在那裡工作了十六年。他在ＩＢＭ的時候，隸屬於北卡羅來納「三角研究園區」的ＰＣ製造部門，晚上還跑到杜克大學讀ＭＢＡ課程。一九九七年，他原本是一家電腦經銷商的營運長，後來接受了一份康柏的物流工作。當時康柏是炙手可熱的ＰＣ製造商，擅長「即時生產」的製造方式。

不過，庫克並沒有在康柏待多少時間，因為他剛接下工作，賈伯斯就來敲門。賈伯斯發現蘋果的製造部門可以說是一團糟。當時蘋果的工廠和倉庫散佈在世界各個角落，從加州的沙加緬度到愛爾蘭的寇克都有。庫克在一九九八年加入蘋果的時候，蘋果正在全面大瘦身——從產品類別到行政層級，一切都要砍。賈伯斯足夠了解營運，他知道兩件事，第一就是蘋果壞得很厲害，第二就是他沒興趣監督修復的過程。

賈伯斯覺得，他跟庫克除了擁有相同的音樂品味之外（他們兩個人都很喜歡一九六〇年代的重要搖滾樂團），幾乎沒有什麼共同點。但他也知道，庫克可以協助他讓蘋果瘦身。新來的庫克很快就關閉蘋果所有的工廠，學習產業龍頭戴爾將製造外包的做法。庫克的目標是刪減浪費的做法，改善蘋果的資產損益表。庫克後來曾經表示，存貨「在本質上是一種邪惡的東西。你必須以待在乳品業的心態管理存貨：一旦乳製品過了保存期限，你就有大麻煩了」。

庫克很快就在蘋果建立起令人生畏的「想辦法先生」（Mr. Fix-it）名號。他很容易跟大家打成一片，但他不接受「沒辦法」這個答案。一位那時期的資深同事回憶：「庫克是個永遠都很鎮定的人。」庫克召開的會議以冗長還有深入細節聞名，他要求員工深入每一條細項。庫克底下的員工，很多都是他從ＩＢＭ招募來的。試算表是庫克的天下。他在跟他的副總裁開會之前，都會仔細研究試算表的每一行。一位了解庫克團隊內情的員工說：「大家要開會的時候都緊張兮兮的。庫克會問：『爲什麼第五百一十四行的Ｄ欄會有這個變異數？根本的原因是什麼？』如果有人答不出細節的話，他們當場在會議上會被盯得很慘。」不過，庫克跟賈伯斯不一樣，他是個很穩重的人。曾經當過庫克部屬的簡司說：「我不記得他有拉高音量的時候。他很神奇，可以從四萬英尺遠的地方緊急煞車到鼻子貼著擋風玻璃。」

庫克和賈伯斯一樣不准別人找藉口。庫克剛進蘋果的時候，有一次在會議上，他跟他的團隊提到亞洲出了一件很嚴重的事，某個他底下的主管應該到中國解決這件事。會又開了大約半小時後，庫克突然停下來，看著他的屬下，很嚴肅地問：「爲什麼你還在這裡？」那名主管馬上站起來，連衣服都沒換就開車到機場，直奔中國。

庫克以擁有驚人的記憶力而聞名，他什麼事都記得住。曾經在庫克底下工作的多以爾說：「這個人可以在腦袋裡處理驚人龐大的資料，並且知道技術層面該如何處理。其他的執行長和營運長會告訴你：『我知道誰誰誰可以告訴你那件事。』但庫克不同。他什麼都知道。他會在園區裡走一圈，然後就深入了解一切，問到這樣的事：『我們在中國的 iPod 維修服務做得如何？』」

就這樣，庫克一點一點從蘋果原經營團隊手中接下責任。在公司視爲「跟創意無關」的每個營運層面上，他建立起了自己的威信。

庫克首先接掌蘋果的銷售業務。蘋果在建立自己的零售據點前，主要透過零售商與其他經銷商來販售產品。接著庫克又接掌顧客支援，然後是麥金塔的硬體事業。iPod 問世並迅速成爲市場寵兒時，麥金塔已經進入成熟期。iPhone 出現的時候，庫克還負責跟全球電信業者協商。

二〇〇四年，庫克有兩個月的時間初嘗管理蘋果的滋味。當時賈伯斯必須動手術移除胰臟腫瘤。二〇〇九年賈伯斯接受肝臟移植的時候，庫克又幫他代打了六個月。二〇一一年初，賈伯斯最後一次請病假，庫克再度代理他的職務。二〇一一年，矽谷流行的室內遊戲是猜測庫克會不會成爲賈伯斯的接班人，但內部的人都知道庫克已經在管理蘋果。雖然賈伯斯仍然會插手重要決策，主導重要的新案子，但庫克已經在當家。賈伯斯去世前六個禮拜，蘋果的董事會任命庫克成爲公司的執行長與董事。

典型的「強迫型」企業主管

隨著庫克接掌蘋果更多的日常事務，賈伯斯自然而然更有時間發揮創意。賈伯斯不再需要擔心客戶服務是否順利，也不用擔心零售端的存貨是否能夠配合消費者需求。他在人生的最後十年，發想出 iPod、iPhone 與 iPad，然後上市行銷。有了庫克當後盾，賈伯斯的命令得到執行，讓他不可能的要求成眞，譬如更長的電池續航力，或是用快閃記憶體取代傳統磁碟機，然後賈伯斯又可以著手進行他下一個工作。

庫克本人不是產品設計師，也不是行銷人才，但他可以融入蘋果的文化。蘋果避諱談錢，而庫克更是非常儉樸的人。就在賣掉價值超過一億美元的蘋果股票後，他在帕拉奧圖離賈伯斯住處不到兩公里遠的地方，租了一棟普通的房子（二〇一〇年的時候，庫克終於買下一棟屬於自己的房子，離原本的租屋處不遠，幾乎算不上是豪宅。依據公開資訊，庫克以一百九十萬美元買下那棟房子，以帕拉奧圖的房價來說，只能算是普通住宅）。曾經有人問，爲什麼他要住在那麼儉樸的地方，庫克是這樣回答的：「我喜歡被提醒我來自哪裡。身處儉樸的環境可以提醒我。錢並不是我的動力。」（不管是不是動力，蘋果的董事將庫克升成執行長的時候，送給他一百萬股限制股，其中半數在五年後發放，十年後可以全數取得。假設庫克真的待滿整整十年，這些股票的發行價値可達四億美元。）

在一間充滿工作狂的公司，庫克仍然建立起「只工作、從不玩樂」的名聲。庫克是單身，而且至少就同事所知，也沒有伴侶。在優勝美地國家公園爬山對庫克來說，就是有趣的假期。騎自行車是他的休閒活動，他還常常會在早上五點半的時候出現在帕拉奧圖的高級健身房運動。二〇一一年蘋果召開年度股東會議的時候，有人問庫克有沒有看過柏克萊加州大學的一齣單人劇，這齣戲從負面的角度描寫蘋果外包的做法。庫克回答：「很可惜ESPN和CNBC台都沒有播，所以我沒看到。」

所有爲賈伯斯工作的人都必須低調，庫克沒有異議就接受了這項要求。奧本大學校友會的幹事提到，庫克捐錢給母校但卻婉拒表揚。不過，庫克被允許採取某些步驟來讓衆人知道，他已經準備好接受更重要的角色。蘋果的主管一般不能接受非蘋果的任命，但庫克卻進入耐吉的董事會。這件事被視爲是在幫助庫克拓展個人歷練，讓他有機會觀察另一位神話級的企業創始人菲爾・奈特（Phil Knight）。但即使在耐吉，庫克仍然保持低調。曾擔任微軟財務長的耐吉董事約翰・康納斯（John Connors）說：「他從來不提蘋果的人，也不提他在蘋果的成就。他是企業界的彼得雷烏斯將軍（General Petraeus，譯注：美國名將，曾參與美伊戰爭，後任中情局局長），也就是那種讓結果說話的人。」

物流／後勤正是軍隊部署很重要的一環，而庫克的責任就是要讓蘋果的營運，能夠保持在最好的狀態。例如，蘋果知道自己的 iPod 與 MacBook Air 筆電將不再採用傳統磁碟機之後，便著手投資數十億美元，事先買下快閃記憶體。庫克的供應鏈組織完美執行了這次的任務，而且一箭三鵰，不但讓蘋果的供應不虞匱乏，還取得最低的價格，並且讓對手難以取得元件。蘋果的例子相當罕見，既以創意聞名於世，又有非常優秀的後勤部隊。史丹佛教授奧賴利與哈佛商學院組織行爲學教授邁可．圖許曼（Michael Tushman）將這樣的情形稱爲「左右開弓的動態能力」（ambidexterity as a dynamic capability）。這是表現出衆的公司才有的能力，能夠同時兼顧「效率」與「創新」。剛剛提過，庫克的效率讓賈伯斯能夠放心去創新，畢竟一間公司如果要賺錢，要不是得提高營收，要不就是必須縮減成本。蘋果兩樣都做到了。庫克所打造的營運機器能夠降低成本，同時又能讓產品的營收不斷成長。

不過庫克一個明顯的大問題在於，他的人格特質是否適合領導一個以賈伯斯形象打造的組織。庫克出現在公開場合的時候，臉上總是掛著迷人的笑容，說話時則帶著冷面的機智。從前蘋果還必須費一番唇舌說服 PC 使用者購買 Mac 的時候，蘋果加上了可以在 Mac 上跑 Windows 的功能。庫克在一次 Mac 展示範了這個被痛恨的微軟軟體，然後面不改色地說：「我的脊椎都涼了，但它的確有用。」庫克還曾經告訴一群投資人：「在心理學家馬斯洛提出的人類需求層次理論中，iPhone 只排在食物和水的下面。」當時美國投資機構桑福德伯恩斯坦的研究分析師托尼・薩科納吉（Toni Sacconaghi）也在場，親耳聽到了這段犀利的妙語。

回到麥考比的分類來看，庫克是個典型的「強迫型」企業主管。「強迫型」的主管會讓事情如期完成，而不是提供願景給這個世界。賈伯斯還在世的時候，雖然庫克也是大家關注的焦點，但他完全迴避鎂光燈。iPhone 4S 上市的時候，庫克第一次以執行長的身分公開發言，結果搶佔衆多媒體版面，讓蘋果其他主管吃了定心丸。庫克的粉絲堅持，他除了會指揮之外，其實也有能力鼓舞人心。獵才公司軒德管理顧問的副總裁約翰・湯普森（John Thompson）說：「如果你相信領導魅力來自於眞誠，那庫克有。」把庫克挖角到蘋果的人正是湯普森，「他不會多說，但也不會少說。你聽他講話的時候，你心裡會想：這個人說的很可能是眞的。」

設計鬼才艾夫：我對生意一竅不通

賈伯斯身體還健康的時候，人們常常會在午餐時間看到他跟艾夫坐在蘋果餐廳用餐。朋友、同事與其他的設計鬼才都叫艾夫「強尼」（Jony）。四十四歲的艾夫是賈伯斯唯一容忍，除了他以外、也可以有知名度的蘋果人（或許賈伯斯容忍艾夫在外擁有名氣，一方面是因爲他眞的喜歡艾夫這個人，一方面是因爲他想讓艾夫保持開心）。

有一次，艾夫曾經出現在蘋果的影片裡，向大家介紹 MacBook Air 鋁機身的製造過程。此外，他偶爾也會在設計論壇上說話。紐約現代藝術博物館與巴黎龐畢度美術館展出蘋果著名的產品時，艾夫的名字也曾出現。二〇〇六年的時候，英國女王伊麗莎白二世授予艾夫「大英帝國司令」的榮銜，這個頭銜再上去就是爵士。

很多人都以爲艾夫是賈伯斯用什麼辦法挖掘出來的，但其實在賈伯斯重返蘋果之前，艾夫就在了。艾夫從英國紐堡理工大學（後來改名爲諾森比亞大學）畢業後，跟一位生意夥伴創立了橘子設計工坊（Tangerine），爲客戶設計的東西包括了梳子和電動工具，就在他離開之前，還接過馬桶的案子。橘子設計工坊爲蘋果剛研發出來的筆電設計過一些東西，艾夫也因此在一九九二年的時候，搬到加州改爲蘋果工作，並在四年後升任工業設計長，而在這段期間，賈伯斯還沒回到蘋果。賈伯斯在一九九七年重返蘋果的時候，看見艾夫設計的原型機，兩個人一拍即合。不久之後，艾夫便負責領導 iMac 的設計，做出色彩鮮豔的半透明螢幕，這系列的產品救了蘋果。

在同一時間，艾夫召集了一組成員密切合作、忠誠的設計師團隊，人數大約是二十人。成員人數與年資是這個團隊的關鍵特色。二〇〇六年，艾夫在「激進工藝研討會」的對談中提到：「我隸屬於一個非常小的團隊，我們已經一起工作非常久的時間了。因此，這個團隊擁有非常特別的能量，有一種非常特殊的動能。小型團隊就是有這樣的好處。」艾夫的工業設計同事，很多都是從英國、還有美國以外的地方招募而來。事實上，這個工業設計團隊跟蘋果其他的創意設計單位一樣，擁有自己的全球招募人員。他們的招募人員夏林・傑達（Cheline Jaidar）出現在全世界各地的設計學校時，得到王室般的禮遇。艾夫本人很喜歡日本，曾經親赴日本了解武士刀的製作過程，並曾經一度想要從一間日本汽車公司，挖角一位烤漆工程師，以改善蘋果產品塗層的品質。

艾夫的朋友會用「親切」、「人很好」和「謙虛」來形容他。很少人會把這些形容詞跟艾夫的良師益友賈伯斯想在一起。不過，「親切」並沒有讓艾夫鬆口多談蘋果的事（他的助理在LinkedIn 工作簡歷網站上，列出他要爲艾夫做些什麼，第一件事是「處理艾夫先生的行事曆、信件往來、保全、禮物、行程、出差、家庭、公司跟批准事項」，第二件事則是「運用最大程度的判斷力」）。不過，雖然他不能多談公司內部的情形，由於他在設計界的名氣，蘋果允許他替蘋果的產品增添詩意。艾夫在二〇〇六年設計研討會的對談中提到：「我們喜歡把東西拆開來，看看是怎麼做的。」他是這樣說的：

> 我們會去了解一些似乎很有趣的東西，然後……我們在日本北部待了一些時間，跟師傅聊怎麼樣可以用某種方式打造金屬。你真的深入了解之後，就知道要怎麼樣設計，而不只是任意指定一個形狀。你真的了解材質之後，產品的樣子就清楚成形了。那就是為什麼

我們不會去做很多很多的東西，因為那很花時間又很耗神。

艾夫所描述的是任何一個設計系的好學生都了解的基本工藝概念，但他這段話還提到了蘋果兩個重要特色：「深入研究」以及「由設計師來決定」。艾夫的言外之意是「產品準備好的時候，就會準備好了」。誰會去告訴武士刀師傅交貨日期的問題？此外，艾夫還點到了爲什麼「我們不會去做很多很多的東西」。蘋果採取專注的策略，對很多的東西說「不」。蘋果作風就是從這開始：讓藝術家掌管工業設計。

艾夫的生活也跟其他蘋果人不同。結實、光頭的艾夫喜歡穿深色T恤。他是執行團隊中唯一通勤的人，他舊金山的家中有老婆海瑟跟一對雙胞胎兒子（蘋果的設計師，以及許多爲iTunes團隊效命的年輕工程師和員工，都喜歡住在城市，不住郊區）。媒體報導過哪些在設計方面享有盛名的人是艾夫的朋友，他們大多是英國人，包括音樂DJ約翰・迪科威（John Digweed）與時尚設計師保羅・史密斯（Paul Smith）。英國劇作家亞歷山大・周—斯圖亞特（Alexander Chow-Stuart）在二〇一一年的時候，寫了一封電子郵件給艾夫的朋友的朋友，詢問自己能否跟學齡的兒子一起參觀庫比蒂諾。艾夫不但欣然同意，還送給小男孩一台iPod，並且安排一場蘋果總部之旅（周—斯圖亞特開心地在個人部落格上記錄了這次造訪）。

曾經有一度外界都在猜測，以艾夫的名氣來看，他有可能接下賈伯斯執行長的位置。蘋果內部的人則從未認眞考慮這件事的可能性，因爲艾夫自己都公開承認他對生意一竅不通。艾夫在倫敦開過一次公司，生意人這個身分確實不適合他。他曾經說過：「我根本不會經營設計公司，我眞的只想要專注在工藝設計上。」很明顯，蘋果讓艾夫的願望成眞。

佛斯托爾，十項全能的天才工程師

如果說蘋果從來沒有認眞把艾夫當成可能的執行長繼任人選，過去十幾年賈伯斯掌管蘋果的時候，另一個冒出頭的主管，則似乎擁有管理蘋果所需的重要特質。那個人的名字是史考特・詹姆士・佛斯托爾。佛斯托爾現年四十三歲，他是軟體工程師，專長是使用者介面設計。佛斯托爾一輩子只待過兩家公司，兩家都是賈伯斯創立的。「使用者介面」是指電腦使用者操控螢幕畫面的方式。從很多層面來說，電腦好玩與實用的地方，就在使用者介面。很多消費者甚至沒有注意到使用者介面的存在，但蘋果產品容易操作又優雅的互動介面，正是讓使用者喜歡它們的關鍵因素，也因此佛斯托爾的專長有著很大的重要性。

身材消瘦的佛斯托爾有著健康的膚色，喜歡穿著拉鍊毛衣，留著一頭往上刺的黑髮。他是海軍之子，在華盛頓州長大，大學念史丹佛，主修電腦符號系統，碩士則念電腦科學。佛斯托爾一畢業就進入 NeXT，一九九七年加入蘋果後，幾年間在幾個資深軟體主管底下做過事，而大家對他的印象都是聰明、有野心的設計師，等不及要往上爬。

然而，一直要等到 iPhone 開始研發後，佛斯托爾才有機會在蘋果嶄露頭角。佛斯托爾帶領一支團隊，負責改寫麥金塔作業系統 OS X 讓 iPhone 也能使用。佛斯托爾最後成爲行動軟體長。iPhone 和 iPad 的銷售一飛沖天，行動軟體部門變得越來越重要（二〇一一年的時候，iPhone、iPad、iPod 三種手持裝置便佔了蘋果近七成的營收，Mac 電腦則是兩成）。在蘋果的階級系統中，iOS 裝置位於金字塔頂端，譬如近年來蘋果爲了讓 iPad 也能使用 iLife 等麥金塔的應用程式，投注了衆多人力去改寫，但 Mac 本身反而沒有得到那麼大的關注。這種情形讓佛斯托爾在公司內累積了更多的資本。

大家稱讚佛斯托爾是個傑出、不屈不撓的人，他專注於細節，而且個性冷靜鎮定。他爲了仔細檢視電腦圖示的每個像素，確認沒有出錯的地方，在辦公室擺著珠寶商專用的放大鏡。簡潔的使用者介面設計是佛斯托爾的一個強項。一位蘋果的前主管便說：「他以那種方式來『全神感應』（grok）賈伯斯的願景。」（「全神感應」這個詞彙最先出現在海萊因的科幻小說《異鄉異客》，意思是「透過直覺或移情作用深入感知」）。

如果要說佛斯托爾有什麼缺點的話，那就是他的野心太明顯，不像一般的蘋果主管。近年來，他公開運作增加自己的影響力，謠言還指出，賈伯斯告病期間，佛斯托爾也在施力。此外，佛斯托爾還添購了產業領袖的派頭。多年來他都開著一輛破舊的豐田 Corolla，但二〇〇〇年到二〇〇九年間，蘋果的高階主管全都得到一大筆財富，佛斯托爾最後買了一台跟賈伯斯有的一模一樣的銀色賓士（佛斯托爾在一件嚴肅的事情上也跟賈伯斯一樣有類似狀況。二〇〇五年左右，佛斯托爾的身體出了問題。他罹患棘手的胃病，不得不住院治療，不過最後完全康復）。

佛斯托爾跟艾夫一樣在蘋果之外有自己的人生。他和擔任企業律師的太太莫麗是知名選秀節目《美國偶像》的忠實粉絲，他們會跑到洛杉磯參加總決賽的錄影。此外，他也是舊金山巨人隊的瘋狂球迷，還會購買史丹佛女子籃球隊的季票。在賈伯斯任期的尾聲，佛斯托爾開始在蘋果活動大量曝光，前同事都稱讚他是一流的講者。在蘋果這樣的一間公司，很少有主管可以露臉。長期觀察蘋果的評論家用冷戰時期俄國克里姆林宮事務專家的方法，解讀佛斯托爾的頻頻曝光。他們認爲佛斯托爾出現在公眾場合的政治意涵，就像是當年在列寧陵墓站在布里茲涅夫（Brezhnev，譯注：冷戰時期俄國總書記，即最高領導人）旁的人。此外，佛斯托爾跟他活在電腦世界的同事比起來，還有一項優勢，那就是他多了一點公開演講的經驗：年輕時的佛斯托爾當過演員，他是奧林匹克高中「出色小鳥劇團」（Lalapalooza Bird）的團員，曾在家鄉華盛頓州布雷默頓的多所小學巡迴演出。高年級生的他，扮演美國音樂劇作家史蒂芬・桑坦的《瘋狂理髮師陶德》中的主角。在那個史丹佛工程師被視爲超酷偶像的小鎮裡，他還是鼎鼎有名的電腦怪胎。大學的時候，佛斯托爾參加了 Phi Kappa Psi 兄弟會（譯注：Phi Kappa Psi 即希臘字母 ΦΚΨ，兄弟會一般以希臘字母命名），雅虎的共同創始人楊致遠也是成員。

佛斯托爾比庫克年輕八歲，很有可能成爲執行長候選人，而且更重要的是，如果董事會認爲公司需要一個形象接近賈伯斯的人來當執行長，佛斯托爾是不二人選。佛斯托爾不乏打進矽谷重要圈子的機會，先前只有賈伯斯有這樣的可能性。由於 iPhone 和 iPad 替蘋果與周邊的應用程式廠商帶來非常豐厚的利潤，蘋果開始願意跟周邊公司建立關係。佛斯托爾在二〇一一年曾經發表演說，對象是重要創投公司「克萊納－帕金斯」（Kleiner Perkins）贊助的多家行動應用開發商。克萊納的合夥人麥特・莫菲（Matt Murphy）是專門贊助行動應用程式的 iFund 基金的主導人，他稱讚佛斯托爾擁有「年輕人的衝勁」，而且願意聽取莫菲資助的創業家的建議。創業家似乎也很欣賞佛斯托爾。一位克萊納贊助的創業家曾經跟佛斯托爾有往來，他的評語是：「佛斯托爾是個聰明、實事求是、具有天分的工程師，而且很會演講。他十項全能。」

其他蘋果老臣

在賈伯斯之下，還有少數幾個資深主管也是蘋果的重要大將。庫克的第一副手傑夫・威廉姆斯（Jeff Williams）在庫克升任執行長後，接掌了蘋果的營運事務。在很多方面，威廉姆斯都像是庫克的分身。兩個人都來自南方，都在ＩＢＭ展開職業生涯，而且也都是利用晚上的時間修課，拿到杜克大學的ＭＢＡ證書。威廉姆斯又高又瘦，有一頭灰色的頭髮，跟庫克像是一個模子刻出來的。蘋果的主管都說，威廉姆斯長得太像他的頂頭上司了，從背面看的時候，大家很容易認錯。

硬體工程主管鮑伯・曼斯菲德（Bob Mansfield）在一九九九年加入蘋果，因爲前東家繪圖晶片製造商萊瑟（Raycer Graphics）被蘋果收購了。跟同事比起來，身材頗有份量的曼斯菲德是個沉默寡言的人（不過跟一直擔任他頂頭上司的庫克比起來，兩人安靜的程度不相上下），雖然他的職稱一直是 Mac 硬體工程部的資深副總裁，但所有蘋果產品的核心硬體都由他負責，包括 iPod、iPhone 與 iMac 都是。

蘋果的執行團隊中，還有一位專門負責產品事宜的艾迪・庫埃（Eddy Cue）。一直以來，庫埃都是蘋果負責搞定交易的主管，但他也是全球服務的主管。多年來公司遇到麻煩的時候，賈伯斯都會找庫埃出馬。蘋果爲了 iPhone 而跟 AT&T 合作的時候，庫埃是負責協商的披荊斬棘人。賈伯斯想改造蘋果的 MobileMe 電子郵件服務時，也找庫埃處理。然而，賈伯斯從來沒有提拔庫埃到蘋果的高級職位。庫克第一個對外發佈的蘋果人事佈局，就是讓庫埃升職。此舉等於是在昭告天下，在庫克的領導下，一個「負責處理交易的傢伙」，也能進入高層的小圈圈，也可以加入以產品爲重的執行團隊。

以上這些人的共通點，就是他們都是蘋果的老臣。蘋果嚴苛的文化讓新人沒有太高的存活率。曼斯菲德資歷最淺，在蘋果待了十二年。佛斯托爾則是研究所一畢業就跟著賈伯斯。沒有任何最新的證據顯示，新人也可以爬上蘋果最高的位階。馬克・帕佩馬斯特（Mark Papermaster）

短暫、不愉快的蘋果任職經歷，就是一個很好的例子。

二〇〇八年十月，蘋果宣佈來自ＩＢＭ的帕佩馬斯特將取代東尼・費德爾（Tony Fadell），接掌 iPod 與 iPhone 的製造團隊。費德爾原本是 iPod 的團隊負責人，但他跟賈伯斯不斷起衝突，再加上其他大大小小的事，最後離開了蘋果。蘋果會從ＩＢＭ找人似乎相當奇怪，而ＩＢＭ對於這件事也不太開心。ＩＢＭ曾試圖打官司，阻止帕佩馬斯特跳槽到蘋果。雙方的官司一直到隔年的一月才獲得解決，最後帕佩馬斯特得以從四月底開始替蘋果工作，那時距離蘋果決定用他的時間，已經過了半年。

然而，即使歷經了這麼多的波折，帕佩馬斯特並沒有在蘋果待多少時間。結果，蘋果未來想要吸引資深主管進公司的時候，帕佩馬斯特短暫的蘋果一遊就變成一則讓人怯步的警訊。他原本多次拒絕接受蘋果的面試，等他終於進入蘋果的時候，正是賈伯斯因病修養期間。而賈伯斯重返工作崗位時，帕佩馬斯特在同事間的評價是他並沒有成功融入蘋果文化。人們認爲他不夠替自己的部門說話，而在蘋果這一點絕對必要。帕佩馬斯特還在職的時候，有位人士曾經跟他有過互動：「帕佩馬斯特眞的是一個很好的人。大家都知道，他是那種你會想要一起喝一杯的人。他人很溫暖，又有耐心，願意聽人說話，只是這些都不是蘋果需要的人格特質。每個人都尷尬地發現到這點。」據說賈伯斯銷假回公司上班的時候，根本很少正眼瞧帕佩馬斯特。換句話說，在這位創始人嚴苛的評價裡，帕佩馬斯特是一個「笨蛋」。

蘋果在二〇一〇年六月的時候，推出全新的 iPhone 4，但接踵而來的是一連串漏接電話的抱怨。這個事件被稱為「天線門事件」（Antennagate），因為賈伯斯宣稱，原因在於手機的內建天線有問題（賈伯斯解釋，手機會有問題是因為使用者拿電話的方式錯了。最後蘋果的解決辦法是提供橡皮保護套）。二〇一〇年八月七日，有風聲傳出來，負責監督 iPhone 4 工程技術的帕佩馬斯特悄悄離開了蘋果。帕佩馬斯特後來成為思科的副總裁，二〇一一年底又成為半導體廠商 AMD 的科技長。蘋果公司則讓曼斯菲德接手產品工程的任務。

最好的董事不參加董事會議

賈伯斯在擔任執行長期間，培養了一批忠心又能幹的子弟兵。一直到他快去世前，雖然不再擔任執行長，都還在指導他們。賈伯斯也一直掌控了蘋果的董事會，雖然他是在辭去執行長的位子後才接下董事會主席。

二〇〇一年，亞瑟・李維特（Arthur Levitt）曾跟蘋果的董事會有一段短暫的露水姻緣，他的故事正好說明了賈伯斯的做事方法。李維特是柯林頓任期內的美國證券交易委員會主席，在他快要卸任的時候，賈伯斯邀請他加入蘋果的董事會。李維特是忠誠的蘋果迷，接到邀請的時候非常開心。十年後李維特回憶：「當時我告訴他，那是全美國我最想加入的董事會。」李維特飛到加州，跟賈伯斯進行了早餐會議。他見到其他董事，還出席了賈伯斯在莫斯克尼會議中心的 Macworld 專題演講。李維特拿到董事的會議資料以及開會行事曆，興奮地準備迎接卸下公職後的第一份工作。就在他飛到東岸之前，留下了一份文件，裡面記錄著他最近跟蘋果財務長弗來德・安德森（Fred Anderson）談到「公司治理」的事。

李維特下飛機的時候，賈伯斯的簡訊正在等著他。李維特回憶：「我回撥電話，賈伯斯告訴我，他不認爲我待在蘋果董事會會開心。他等於是在告訴我，他不需要我了。」賈伯斯似乎不同意李維特對於「良好的公司治理」的定義，譬如，李維特認爲董事應該參加所有的會議。甲骨文創辦人賴瑞・艾利森那時是蘋果的董事，也是賈伯斯的好友，他的會議出席率就很不好看。李維特說：「賈伯斯告訴我，我在那裡不會愉快，因爲『他最好的董事』就不會參加董事會議。我那時眞是失望透頂。」

艾利森後來在二〇〇二年離開蘋果董事會。賈伯斯對待不參加董事會議的艾利森的態度，很可以說明他對於董事會治理的想法。賈伯斯一直都說，艾利森是他最好的董事。他很喜歡講的一個故事，就是艾利森曾經登上某雜誌封面，他把那期的封面放大成眞人大小的照片，貼在蘋果董事會議的空椅子上，「我會轉頭問他：『賴瑞，你覺得如何？』」多年以後，賈伯斯仍然津津樂道這件事。

許多年來，蘋果都沒有設董事會主席，只有兩位「共同領導董事」，一位是生技公司基因泰克的前執行長李文森，一位是財務軟體公司財捷（Intuit）的前執行長康貝爾。扣掉蘋果執行長不算，董事會只有六位成員，而且大多被視爲賈伯斯的班底。康貝爾是賈伯斯最親近的友人兼個人顧問。身爲董事的他有義務揭露賈伯斯的眞實健康情形，他不願吐露，最後還因此選擇辭去「領導」一職。另一位董事德萊克斯勒曾是 Gap 服飾的執行長，而賈伯斯也擔任過 Gap 的董事。雖然蘋果的董事跟賈伯斯都有交情，但他們也都是第一流的人才。康貝爾離開之後，雅芳產品（Avon Products）的執行長鍾彬嫻（Andrea Jung）將消費者體驗帶進董事會，成爲新任的共同領導董事。此外，多年來賈伯斯都擔心微軟會不再支援 Mac，董事之一的前美國副總統高爾正好可以提供法規方面的建議。高爾也是蘋果產品的重度使用者，因此成了客戶體驗的熱情擁護者。

李維特在二〇〇二年的著作《散戶至上》(*Take on the Street*)中提到，蘋果的董事會延攬了「全美國企業界最優秀、最重要的人士」，儘管如此，「它的運作並不獨立於執行長之外」。李維特承認近年來蘋果表現得十分優秀，但這並不是重點，他認爲：「小型、孤立的董事會無法提供來自外界的觀點，但公司遇到麻煩的時候正需要這些意見。特別是如果執行長是像賈伯斯那樣有魅力的人，公司將會非常需要獨立思考者的協助，董事不能是管理階層的延伸。」

沒有人會說蘋果是一間「遇到麻煩」的公司。此外，不管是不是由賈伯斯一個人獨攬大權，蘋果的董事會確實提供了一個井然有序的上層領導班子，而這正是董事會的關鍵功能。現在的蘋果面對著一個沒有賈伯斯的局面。如同要等後賈伯斯時代生產的產品上市後，蘋果才會得到大衆眞正的檢驗，蘋果董事會眞正的價值，也要等到蘋果獨自面對失去賈伯斯後的第一個危機時，才會顯現出來。

6 訊息至上

我在二〇一〇年十月二十日第一次見到庫克本人，那是在一場蘋果總部的產品發表會上。兩年前，我曾經花了好幾個月的時間，寫一篇未獲授權的庫克側寫報導，最後我的觀察成爲《財星》雜誌的封面故事，那一期雜誌的標題是：「賈伯斯背後的天才：營運鬼才庫克有辦法當一天的家嗎？」在那之前，從來沒有記者像我一樣如此深入調查過庫克的身家背景、工作里程碑以及性格。然而，我一直無法取得跟他面談的機會。那一天我對著微笑的庫克自我介紹。我們兩個人握手的時候，我一直在期待他會表現出「我們兩個人終於見面了」的樣子，像是點個頭或眨個眼。我等著他告訴我：「我眞是不敢相信，你居然打電話給八〇年代初我在奧本大學的同學，而且還聯絡我以前在ＩＢＭ的老闆。」

我錯了。閒聊並不在那天的行事表上，蘋果的劇本沒有這一段。

我跟庫克談話的時候，正好站在會場的「展示區」。一場叫做「回到Mac」的記者會剛剛結束。記者會上，蘋果介紹了一系列的新電腦。這類的活動對於記者來說是家常便飯，但對於親手研發了那些產品的蘋果員工來說，卻一點都不稀鬆平常。每年蘋果都會幫 iPhone 辦一場活動，時間通常會跟一年一度的「世界開發商大會」（Worldwide Developers Conference，簡稱 WWDC）排在一起。蘋果會在 WWDC 上展示公司的音樂產品，內容通常是介紹 iTunes 與 iPod 有什麼新功能。iPad 推出後，也有專屬的活動。而 Mac 電腦的介紹則是蘋果一直以來的主秀。蘋果精心設計的產品一般會從下列三個地點中擇一現身：舊金山的莫斯克尼會議中心、不遠處的舊金山歐巴布也那藝術中心（Yerba Buena Center for the Arts）小劇院，或是庫比蒂諾總部「無限迴圈路四號」的會議廳。但不管是在哪個地方辦，產品會的形式都是一樣的：一場專門介紹最新產品與服務的主題演講，以及通常在演講結束之後，現場人士有機會動手玩一玩最新的機型。與會者通常包括記者、投資人及企業夥伴（例如在 iPhone 的發表會上，就會有手機廠的人。如果是 iPad 的場子，就會有遊戲開發商等等），不過媒體才是重點。媒體的任務是要在部落格的世界裡激起熱烈討論，還有爭先搶後地拍照，用畫面來向全世界解釋在蘋果公司的袖子裡，藏著什麼最新的把戲。

我遇到庫克的那一天，蘋果剛剛揭曉了全新革命、全新設計的 MacBook Air，一台一體成型的超輕筆電。如同蘋果充滿熱情的新聞稿所說，新 MacBook Air「最薄的地方只有不可思議的零點一一英寸（約零點二七公分）」，而且重量「只有二點三磅（約一點零四公斤）」。庫克走到我面前的時候，我恰巧站在一個展示 MacBook Air 的高台旁邊，他馬上就問我那台電腦如何。我不確定該怎麼回答，所以我含糊地說了句「真是了不起」之類的話，結果庫克馬上就開始進行一場小型演講，滔滔不絕地訴說那台 MacBook Air 有多了不起，告訴我他們用固態快閃儲存裝置取代從前的磁碟機，就跟 iPad 一樣！這有多棒多棒！新電腦超薄、超輕、速度超快，電腦產業從來沒有人做出那樣的東西！

我跟庫克又多聊了幾分鐘，蘋果的公關保鏢在一旁監視著我們，全球產品行銷資深副總裁希勒也在一旁看著。在我們這個角落以外，有點疲累的賈伯斯是全場鎂光燈的焦點，他對記者重申剛才在演講中提到的 MacBook Air 重點，蘋果公關部門的主管凱蒂・科頓（Katie Cotton）在一旁注意著。幾位高階主管也在跟媒體談話，重申賈伯斯和庫克已經提過的新筆電神奇功能。

這正是典型的蘋果風格：所有人都異口同聲傳遞著同樣的訊息。蘋果在看似隨意、不拘小節的形象下，其實是個苦心經營品牌又強勢的公司，一切都算得好好的。這件事只不過是一個小小的例子而已。在訊息傳遞方面，蘋果再次跟別的企業很不一樣。不管是對消費者說故事的方法，或是處理資訊的方式，蘋果都打破了一般的模式。蘋果在處理訊息的時候，就好像是在處理矽、鈦或其他基本但貴重的金屬一般，是個一絲不苟的操控狂。

蘋果的訊息傳遞，從頭到尾都在算計之中

蘋果在跟外界溝通的時候，也投入了同樣程度的高度關切，但會依據對象採取不同的策略。面對消費者的時候，蘋果會給予無所不在但不深入的訊息。面對記者的時候，資訊變成了商品，只有在權衡了風險與潛在投資報酬之後，才會施捨一點給記者。在每項產品的上市計畫、行銷計畫和銷售計畫中，蘋果會決定由誰對外發言、發言的對象是誰、公司要對外傳遞什麼重點，以及哪些媒體可以取得人人夢寐以求的訪談機會。蘋果會用精準、固定的字句來溝通訊息，而且會一直重複，讓不管是公司內部或外面的人，都有辦法背誦。

蘋果產品訊息的特色就是蘋果本色：簡潔、清楚。蘋果從成立之後所發表的產品與功能，要不是業界前所未見，要不就是擁有跨時代的意義。第一台 iPod 的簡潔設計與眾多功能、iPhone 開創性的多點縮放觸控功能，就是兩個非常明顯的例子。

如果想要銷售突破性的產品，就必須清楚向大眾解釋那項產品。前 iPhone 資深產品行銷主管波切斯說，蘋果二〇〇七年的 iPhone 策略，就是教育大眾使用這項新產品。在那個時候，稱霸智慧型手機市場的機子是黑莓機與 Palm。波切斯回憶：「我們準備推出 iPhone 的時候，iPhone 可以是各式各樣的東西。它擁有大量功能與多重特色。」但蘋果的主管沒有把 iPhone 所有的功能通通列出來，而是「濃縮到三件事：這是一台革命性的手機，也是你口袋裡的網路，也是我

們研發過最好的 iPod」。

波切斯說，重點在於強調那些讓 iPhone 與眾不同的優點，但不要給消費者太多資訊，只要讓他們夠興奮就可以了。波切斯說：「與其他打進市場的手機相比，iPhone 跟它們都不同。但我們在所有的簡介、文宣裡，都強調這三點訊息。這三點訊息無所不在。」

你可以感到不以爲然，覺得蘋果這種重複的訊息傳播，是詭異的異教崇拜，但這可以解答爲什麼蘋果能夠建立品牌知名度，這正是爲什麼蘋果能夠成爲所有行銷專家羨慕的對象。訊息的一致可以幫助建立消費者忠誠度。此外，清楚傳播訊息對盈餘來說有很大的影響力。波切斯離開蘋果之後，成爲矽谷公司歐帕司資本（Opus Capital）創投家。波切斯說：「如果說我從蘋果帶走了什麼，那就是我學到傳遞訊息最好的方式就是清楚、簡潔，而且要不斷重複。一直到今天，我還一直在複製這樣的經驗。你會對你的訊息感到厭煩，你會做二十場的簡報，每一場簡報聽起來都一模一樣，但這就是你想要達到的效果，因爲你的聽眾都是第一次聽到這些東西。如果你因爲自己厭煩了，開始每一場講不一樣的東西，那你就有大麻煩了。關鍵是：你就一直重複同樣的話，一直重複一直重複就對了。消費者會一直接收到同樣的句子，最後他們在跟朋友解釋你的產品的時候，他們也會說同樣的話。」

蘋果的結局是過著幸福快樂的日子，消費者並沒有感覺蘋果在玩弄他們。蘋果迷和業界人士可能會對著賈伯斯的「現實扭曲力場」偷笑（賈伯斯擁有催眠的能力，不管他在推銷什麼，他都有辦法讓聽衆相信那個東西眞的很好），但對於消費者來說，蘋果確實製造了他們的現實世界。蘋果的訊息從四面八方湧向他們，卻很容易掌握；讓人感覺很自然，而不是強迫推銷。但不要被騙了：蘋果的訊息傳遞，從頭到尾都在它的算計之中。

告訴顧客想當什麼樣的人

蘋果是個終極的「由上到下」的組織，公司的溝通方式也是由上而下。一位離職的主管回憶：「賈伯斯是說故事的高手。他會幫全公司編一個故事。以那種規模的企業來說，幾乎可以說是前所未聞。」蘋果主管在開始跟消費者述說蘋果故事之前，老早就把那些故事背得滾瓜爛熟，因爲從賈伯斯第一次告訴他們那些故事，一直到他們親自跟大衆說那些故事，在那過程之中，故事的每一句話都經過無數次的激烈討論。他們檢查那些故事，四處挑毛病，確認沒有問題，每個人都可以把台詞銘記在心。

在企業的世界裡，說故事看似是一下子就過去，而且難以量化的一件事。但布蘭肯希普解釋了「說故事」與「刺激需求」之間非常眞實的連結。布蘭肯希普是負責蘋果展店初期的高階主管，他說：「如果你回顧二〇〇〇年那一年，回顧那個時候的蘋果，大部分的人對於蘋果的產品只知道一件事：他們一點都不想要擁有。所以後來我們做的事，就像是一個教育的過程。我們必須盡量站到大家的面前，即使他們視若無睹地走開，但終究有一天他們會走進我們的店。他們走進來的時候，我們就有機會說我們的故事。我們說故事的方式，是用尊重的態度，我們是在提供協助，我們很友善，不是在強迫推銷。重點不是價格，而是產品。」

蘋果的主管就像被派到世界不同角落的傳教士一樣，他們將蘋果的訊息全部銘記在心。蘋果開設零售店時的行銷主管艾倫・奧利佛（Allen Olivo）說：「蘋果商店的目標是吸引原來不用麥金塔電腦的顧客。」聽起來好像他剛跟布蘭肯希普談過一樣，但其實沒有，「我們必須說服那些心存懷疑的人，那些不用我們產品的人，那些不知道該拿我們產品做什麼的人。他們走進店裡的時候，我們必須讓他們看到、摸到、感覺到和使用到 Mac，我們必須讓他們體驗 Mac 是怎麼一回事。」

蘋果說故事的方法，在於用簡單的句子訴說概念。蘋果不會告訴顧客想買什麼，而是告訴顧客想當什麼樣的人。這是標準的「生活風格」廣告，賣的是跟品牌有關的形象，而不是產品本身。蘋果在一九九七年的時候，推出經典的「不同凡想」廣告，廣告裡是甘地、愛因斯坦與歌手巴布・狄倫的人像，沒有蘋果的產品。後來蘋果又推出時髦人士跟著 iPod 音樂律動的廣告，剪影中搶眼的白色耳機線用著流線的方式，從耳朵接到輕盈的身體。一直以來，蘋果都是販售生活風格的專家。

然而，蘋果一旦引起顧客的注意之後，就會詳細介紹產品能夠做到的事，不厭其煩地描述所有美好的細節。只要想一想二〇〇五年蘋果推出的新版 iMovie 軟體就知道了。iMovie 是蘋果

iLife套裝軟體中的一項，也是Mac電腦的標準配備（不論你是否留意過，iMovie一直都在Mac螢幕下方的工具列裡，圖示是懷舊的好萊塢星光大道圖案）。蘋果一開始會開發iLife，是因爲很少有第三方開發商會替Mac寫程式。提供有用的程式可以提升Mac電腦的價值，而向顧客解釋如何使用蘋果軟體，已經成爲蘋果的第二天性。

二〇〇五年的時候，蘋果推出高解析度版的iMovie。使用者可以將手持式錄影機的畫面傳到自己的電腦裡，然後用iMovie剪接家庭影片。由於當時高解析度的攝影機才正要流行起來，蘋果面對了雞生蛋、蛋生雞的問題：蘋果必須展現高畫質影片的優點，才能讓人們接受高畫質影片。高畫質影片被接受之後，相關軟硬體的價值才能顯現。

人們最常利用iMovie的方式包括了自製婚禮記錄片。蘋果或許不會做消費者調查來決定要製造什麼產品，但的確會留意消費者如何使用它的產品。所以當蘋果預定在二〇〇五年一月十一日的Macworld大展上推出iMovie HD後，行銷團隊便決定拍攝一場婚禮。最後的拍攝效果非常好：充滿燭光的典雅儀式在舊金山普西迪的軍官俱樂部舉行。那是一場眞的婚禮，新娘是蘋果的員工。然而，這段影片卻有一個問題：賈伯斯不喜歡。負責推出iLife的行銷主管艾拉珊卓・吉倪（Alessandra Ghini）回憶，賈伯斯在聖誕節前的那個禮拜看了影片，他認爲這場舊金山婚禮沒有捕捉到正確的氣氛，不能表現出業餘攝影者可以利用iMovie做到什麼效果。吉倪說：「他告訴我們，他要一場海灘婚禮，看是要在夏威夷，還是哪個熱帶地方。我們只有幾個禮拜的時間可以找到一場沙灘婚禮，還要拍好、剪輯好，並且讓賈伯斯說好。時間非常緊迫，不能有任何差錯。」

在十萬火急跟錢完全不是問題的情況下，行銷團隊連忙展開行動。他們聯絡洛杉磯的經紀公司與夏威夷的飯店，看看有沒有正在籌備、會在新年假期舉辦的婚禮，如果新郎新娘是俊男美女的話，那更理想。行銷團隊運氣很好，他們在好萊塢的經紀公司，找到一個正準備在夏威夷茂宜島舉行婚禮的帥哥。婚禮的日期就訂在新年假期，而且這位帥哥的未婚妻也十分迷人。蘋果決定幫新娘出花錢，幫他們拍攝婚禮，也會提供新人最後的影片成品，條件是現場婚禮要怎麼拍，完全由蘋果決定。

這場婚禮拍攝不是小成本的製作。蘋果的創意指導和團隊事先飛到夏威夷，跟當地的花店商量他們要如何擺放花束，並且密集與新人私下碰面。不用說，那對新人引起高度關注。在婚禮前一天，攝影人員駐紮在海灘上，確認夕陽出現的位置。婚禮結束之後，創意指導馬上將影片上傳，跟加州報告好消息：「我超級滿意。」賈伯斯也很滿意，他在 Macworld 登場的前一天批准了新影片，最後在 Macworld 的主題演講上，蘋果利用了這場婚禮六十秒左右的影像，鏡頭帶到新娘、新郎親吻、新娘跟父親共舞，最後新人夫婦漫步走進夕陽之中。大會現場和零售店則播放比較長的版本。吉倪回憶：「那次的預算很驚人。沒有辦法，因爲臨時到了最後一秒鐘才決定改。」當然，錢的事一點都不需要吉倪煩惱。

就蘋果的角度來說，大把大把撒鈔票是值得的，因爲沒有東西會比蘋果的品牌還要値錢。這是一種非常專注於小細節的細微手法。十次有九次，一般的消費者根本不會意識到有什麼不同，但這不重要。蘋果對於很多事情都很執著，包括要怎麼樣塑造自己的形象，到了最後，這般偏執所帶來的整體效果，讓顧客絕對感受到了，他們直覺就覺得蘋果比別人好。這解釋了爲什麼蘋果請來倫敦交響樂團錄 iMovie 配樂範本的時候，公司裡沒有一個人覺得這種做法有何不尋常。

此外，如果公司花大錢做一件事，結果最後完全沒有派上用場，也不會有員工眨一下眼睛。蘋果準備推出麥金塔作業系統「雪豹」（Snow Leopard）的時候，由於雪豹這種貓科動物來無影去無蹤，行銷團隊原本想要用圖庫照片就好，但後來又決定要試一下更好的。行銷團隊派了一組人馬拍攝人工飼養的雪豹，而且花了不少錢，但賈伯斯不喜歡拍出來的照片：「那隻豹看起來又肥又懶，一點都沒有飢渴與靈敏的樣子。」

產品發表會讓諾拉・瓊絲也緊張兮兮

燈光暗了下來，引頸期盼的衆人屏氣凝神，喇叭裡的音樂消失了（蘋果通常會放耳熟能詳的音樂，像是U2樂團的老歌）。賈伯斯走到台前，群衆瘋狂了。蘋果資深主管坐在前幾排的位置，創投家約翰・多爾（John Doerr）與高爾等蘋果董事也坐在貴賓席中。他們跟著群衆一起拍手歡呼。在蘋果的庫比蒂諾總部裡，蘋果員工聚集在餐廳裡看著閉路電視的轉播。蘋果是一間保密到家的公司，不管是現場或是線上的觀眾，會議廳的群眾以及 iPad 線上使用者將要看到的東西，將會是全新的東西——就連蘋果的員工都會是第一次看到。對於即將上市的產品，即使是本身參與該次專案的員工，都不一定會知道公司會同步發佈什麼，他們只會知道自己負責的部分。

接下來要進行的是一場蘋果的專題演說。賈伯斯形容，行銷就像是一本「蘋果書」的封面一樣，產品則是書裡的東西。如同產品是接近無數次的設計、製造的成果一樣，蘋果的產品發表演說，也是經過千錘百鍊的一場表演。蘋果透過演講，讓全世界看到公司辛苦勞動的成果。

賈伯斯讓專題演說成爲一種藝術。這種蘋果風格的表演藝術，需要全公司上上下下的支援。蘋果的產品演說準備就像一台大型噴射客機的製造。大型客機首先必須在全世界各個角落製造不同的零件，經過一段艱鉅、繁瑣的過程後，在巨人的工廠內把所有零件全部組裝起來。蘋果則先是由各部門費盡心力各自貢獻一小部分，然後全部拼在一起，在揭幕的那一天呈現在眾人面前。

台上的演講看似一連串即席拋出的句子和現場示範，但其實在幕後，員工被操得很慘。他們已經排練了好幾個月，事情不能有一丁點的差錯。他們把投影片與照片組合起來，他們記下的重點被濃縮成台上的演說（當然，投影片是用蘋果的 Keynote 簡報軟體做的。二〇〇二年推出的 Keynote 是蘋果用來跟微軟 PowerPoint 較勁的軟體，前身是賈伯斯專門用來發表演說的程式）。在一次 Mac 大會上，賈伯斯在台上操作一台放在小桌上的 Mac。在台下，工作人員準備了一模一樣的小桌和 Mac，放著一模一樣的簡報資料，萬一台上那台出錯的話，可以馬上替補。賈伯斯自己會反覆練習演說內容，讓每句輕鬆的台詞都能自然跑出來。就連合作夥伴也得依據蘋果的安排，遵照劇本多次反覆排演。蘋果會邀請合作的軟體廠商示範他們的東西，顯示蘋果堅強的陣容。一位合作廠商的主管回憶，他在庫比蒂諾待了一週半的時間準備。在蘋果產品發表之前，這位主管不停對著蘋果內部的人反覆練習，層級越來越高，最後一次是跟賈伯斯簡報。一位業界知名主管也曾負責揭曉蘋果 iPhone 上的一個軟體，他的助手回憶蘋果如何向他們下達行軍令：「蘋果的人告訴我們——不是『問』喔，而是『告訴』——他們告訴我們什麼時間排演，我們的主管應該穿什麼，還有他應該說什麼。完全沒有討論的空間。」

一場專題演說會圍繞在幾項產品上打轉。多年以來，賈伯斯都是自己一個人從頭講到尾，偶爾有幾個低階的員工跑跑龍套，幫忙到台上示範產品功能。隨著時間的過去，其他主管逐漸扮演越來越重要的角色。蘋果專題演說有一個招牌式的結尾，就是會有一張投影片寫著：「還有一件事……」這張投影片一出來，大家就知道一個讓人興奮的重要產品即將問世，例如二〇〇五年是 iPod Shuffle，二〇〇六年是十五吋的 MacBook Pro，二〇一〇年是經過徹底改造的 MacBook Air。音樂產品大會的結束，則是大牌歌手的表演，像是創作歌手約翰・梅爾或酷玩樂團主唱克里斯・馬汀。二〇〇九年，爵士歌手諾拉・瓊絲在 iTunes 發表會結束的時候獻唱了兩首歌，她看起來心神不寧，顯然蘋果神經兮兮的登台準備嚇到她了。脖子上掛著電吉他的瓊絲說：「後台有很多秘密走道，還有很多秘密的敲門聲。現在我們終於可以開始表演了，我覺得心裡好像放下了一塊大石頭。」瓊絲又加上一句：「開玩笑的。」但顯然她不是在開玩笑。瓊絲彈完最後一個音符的時候，賈伯斯上台吻了她的臉頰。

群眾散去、簡報結束的時候，蘋果的員工會湧到附近的幾家酒吧，像是莫斯克尼會議中心對面 W 飯店的 XYZ 酒吧，好好解除壓力。很多員工會馬上休假。他們知道回來的時候，馬上又要準備下一場的發表會了。

~~簡約~~、~~簡約~~、簡約

蘋果行銷與溝通團隊的工作地點位於「無限迴圈路一號」正對面的 M-3 大樓。M 是指馬利安尼大道（Mariani Avenue）的第一個字母，不是指行銷（marketing）的第一個字母。行銷人員上班的時候，會先通過大門，然後是連續兩道有安檢的門。接著他們會沿著一面淡藍色的牆，走到自己的辦公桌旁。那面牆漆著幾個銀白色的大字「簡約、簡約、簡約」（SIMPLIFY, SIMPLIFY, SIMPLIFY），前兩個「簡約」被一條粗線劃掉。

蘋果不只是產品極度簡約，在營造品牌的時候也是一樣。每次蘋果發新聞稿的時候，最後會有幾行小字，它們很可以說明蘋果的簡約風格。二〇一一年年底的聲明稿是寫：「蘋果設計全世界最優秀的個人電腦 Mac，另外還有 OS X、iLife、iWork 與專業軟體。蘋果的 iPod 與 iTunes 線上商店引領數位音樂革命。蘋果革命性的 iPhone 與 App Store（編按：應用程式商店）重新打造了手機產業。蘋果最近推出的 iPad2，正在定義行動媒體與運算裝置的未來。」這段文字簡簡單單、清清楚楚，只用了幾句話就形容完這家營收一千零八十億美元的企業。每一個字都經過精心挑選，第一個動詞是「設計」，第一個提到的產品則是 Mac，畢竟蘋果是以 Mac 起家。接著，這段文字提到蘋果「引領」與「重新打造」，這是一間「革命性」的企業（「革命」被提到兩次），還是跟「未來」有關的企業。一位蘋果前行銷人員說：「『革命性的改變』(revolutionize) 可能是蘋果行銷最常用到的一個詞彙。」

蘋果非常小心自己的金字招牌該怎麼用。首先，沒有任何人可以在沒有限制的情況下使用蘋果的名字，包括蘋果內部的人也是一樣。曾經有一位顧問在自己的網站上放了蘋果的標誌，說明蘋果是他的客戶，結果被要求拿下。不過，買了蘋果產品的人倒是被鼓勵展示蘋果的標誌：蘋果的產品包裝裡會附上貼紙，從活頁筆記本到汽車保險桿和冰箱都能夠貼，想貼哪就貼哪。

要跟外界打交道的蘋果員工非常清楚：「不可以讓任何東西傷害到品牌。」這句話是奧爾布萊特說的。奧爾布萊特曾是蘋果 iAd 行動廣告事業主管，他在二〇一一年離開蘋果，自己開了一家叫 SessionM 的公司，專門協助應用開發商留住自己的使用者。奧爾布萊特說：「你一切的思考都從這裡出發。你心裡會想：『這會不會讓品牌受到傷害？我們一定得做這件事嗎？這樣是不是太危險了？』」

操著蘋果品牌大權的淺井弘紀（Hiroki Asai）是一個低調的主管，一般大衆對他幾乎毫無所悉。他畢業於加州理工州立大學，主修平面設計。他的平面造型設計教授馬利・拉波特（Mary LaPorte）回憶，他是個執著於細節的學生，對於美學很要求。「如果他希望在海報上放一個咖啡杯的印子，那麼他一定會弄一杯咖啡來，而不是咖啡色的顏料。」

淺井弘紀畢業後，在舊金山一家顧問公司工作，皮克斯與蘋果都曾經是那家公司的客戶。他在二〇〇一年加入蘋果，一路升到最後可以直接向賈伯斯報告。除了廣告之外，蘋果所有的行銷資料都由他拍板定案。他的加州理工大學簡歷上寫著他的專長，從那段文字中也可看出蘋果對於「整合」概念的注重。簡歷上寫著：「他帶領著兩百多位創意人，在過去十年，他這個團隊負責蘋果全球所有的包裝事宜、零售店圖樣、網站、線上商店、直效行銷、影視及活動視覺設計。」「他的團隊裡有藝術指導、作家、動態視覺設計師、開發商與設計師……此一團隊的獨特之處在於，以同樣人數的團隊來看，它是唯一可以在公司內就完成所有的設計與製造並跟各個創意領域的人才溝通。」淺井弘紀被蘋果內部的人視爲無聲的力量，他知道賈伯斯內心對於蘋果品牌的想法，而且如同一位同事說的，他知道「如何跟賈伯斯心意相通」。此外，他也以年輕的外表出名。一位曾經跟他共事的主管說：「他看起來就像是剛上完第三堂設計課一樣。」

至於蘋果的廣告，在賈伯斯領導下有十分特殊的手法。賈伯斯認爲廣告是行銷的重要關鍵，他親自經手一切。每一週，他都會跟 TBWA\Chiat\Day 的創意指導李・克洛（Lee Clow）見面，TBWA\Chiat\Day 是蘋果長期合作的廣告商。另外，賈伯斯也會直接關切廣告會出現在什麼地方。他喜歡買廣告的地方，包括形象符合蘋果目標消費者的電視節目，例如《摩登家庭》、《約翰史都華每日秀》和《蓋酷家庭》。相較於《我要活下去》等你爭我奪的實境節目，賈伯斯比較喜歡《驚險大挑戰》等形象比較時髦的實境秀。他有一次大發雷霆，因爲蘋果的廣告不小心登上了福斯新聞頻道格蘭・貝克（Glenn Beck）的節目。賈伯斯痛恨福斯新聞，不過，其實他也一概不要蘋果出現在政治談話節目的廣告時段。

賈伯斯的產品（特別是 iPad）正在加速平面媒體的滅亡，但他仍然相信平面媒體的力量。他特別喜歡在大型雜誌的封底刊登蘋果的全幅廣告。即使是今天賈伯斯已經去世，你還是可以在流行雜誌的封底看到蘋果的廣告。ＯＭＤ媒體公司的主管莫妮卡・卡洛（Monica Karo）負責替蘋果買廣告，她常常試著說服賈伯斯在新刊物上登廣告。宣傳大師賈伯斯總是這樣回答：「你負責擔心封底，由我來負責封面的事。」

顯然封面無法用錢買到，至少有名望的刊物不會這樣搞。但對於行銷人員來說，封面又是如此重要。全世界的企業領袖，沒有一個人比賈伯斯更懂如何讓自己登上封面，他總是有辦法用這種方法推銷產品。

蘋果的產品出現在熱門電視節目和電影的時候，也能得到免費的宣傳。蘋果號稱從不花錢做置入性行銷，但根據尼爾森的統計，二〇一〇年，蘋果的產品在首播節目中一共出現三百八十六次。

當然，這樣的曝光率是無價的。就在 iPad 上市之前，蘋果同意提供兩台尚未曝光的 iPad 給 ABC 電視台的熱門情境喜劇《摩登家庭》。那一整集都在講科技狂父親菲爾非常渴望得到一台 iPad。湊巧的是，iPad 會在他生日那天上市，於是菲爾說：「這就好像是賈伯斯還有上帝，一起對我說：『我們愛你，菲爾。』」

蘋果有一個天生優勢，就是創意人都用蘋果的產品。《摩登家庭》的共同創作人史蒂夫‧萊文坦（Steve Levitan）說：「我恰巧是個很迷蘋果的人，而且我超愛科技產品，所以我對這種東西很熟。這世界上我唯一會排隊去買的產品，就是 iPhone。」萊文坦說這個 iPad 特集的點子是創意激盪的結果。「我們不會隨便在節目上放產品。我們會放，是因爲我們想要用那些產品。」萊文坦說，節目的創意團隊得知賈伯斯喜歡他們的節目時，大家都非常興奮。有一次萊文坦跑到北加州去見賈伯斯，但沒有見到面。後來他定期會跟兩名蘋果主管碰面，那兩名主管是好萊塢最著名的蘋果人：iTunes 負責人庫埃，以及蘋果的紐約置入性行銷負責人蘇珊‧林堡

（Suzanne Lindbergh）。林堡的稱號大概是蘋果大主管裡最炫的一個：「嗡嗡經理」（director buzz，譯注：指「口碑行銷」經理）。

只有名人和重要刊物能得到紅地毯招待

蘋果最強大的說故事利器之一，就是強而有力的公關。蘋果的公關是另一個蘋果不按牌理出牌、忽視業界做法的例子。蘋果在處理公關事務的時候，十分小心謹慎，嘴巴閉得緊緊的，冷血無情，就跟處理產品設計還有內部保密是一樣的。

關於誰是蘋果發言人這件事，蘋果的思考方式也「不同凡想」。二〇〇七年 iPhone 上市的時候，蘋果只准五個人在媒體上談 iPhone：賈伯斯、庫克、希勒、葛瑞格・喬斯維亞克（Greg Joswiak）與波切斯。喬斯維亞克是 iPhone 的產品行銷副總裁，波切斯是他的副手。費德爾與佛斯托爾是 iPhone 研發團隊最資深的產品主管，他們一個是硬體的頭頭，一個是軟體研發團隊的負責人，但他們兩個人都不在發言名單上。依據波切斯的說法，兩人對於無法在媒體上參加繞場慶祝儀式，都不是太開心。

在「發言五人」的名單上，波切斯是最低階的主管。他解釋爲什麼即使是資深的主管也被下了封口令：「這些人的問題，在於他們都是超級聰明的人，他們知道很多的細節，但他們不常面對媒體。」波切斯說：「他們很可能會被問到他們知道答案的問題，但他們還沒學會如何巧妙地迴避回答。」

蘋果公關部門的最高指導原則不是「你需要知道才告訴你」，而是「你不會知道的」（you-will-not-know）。全蘋果最懂「說不的藝術」的可能便是這個部門。公關團隊的成員都有特定的任務，通常是依據產品分類。他們會跟你談的一樣事情就是產品，會特別對你複述已經在市場上販售的產品的事實性資訊。不能談的話題，則包括爲未上市產品、蘋果主管個人資訊、蘋果未來的活動細節。另外，關於蘋果內部的工作情形，幾乎每件事都不能談。記者如果打電話給蘋果的公關人員，或是跟他們見面，不太可能挖出什麼可以寫報導的東西，頂多就是被動接受公關願意給他們的資訊。

蘋果在面對全世界每個角落的記者、粉絲和業界人士的時候，他們採取極端謹慎的策略，絕不輕易透露任何資訊。幾乎沒有任何一間公司會採取這樣的姿態。企業界的專業公關人士一般都會跟記者保持良好的關係，會跟記者閒聊、恭維他們，還會自己提供花絮新聞，更不要說請記者吃吃喝喝了。公關會關心記者的家庭生活，還會邀請他們參觀公司，讓他們定期從高階管理階層那裡得到最新消息。

蘋果只跟最高階的人士進行這樣的活動。科頓是蘋果的全球溝通副總裁，位高權重，負責掌管蘋果的公關部門。她四十六歲，身材苗條、手段強勢，一九九〇年代曾在洛杉磯公關公司「KillerApp 通訊」工作，負責代表「RealNetworks」與「維珍互動娛樂」（Virgin Interactive Entertainment）等剛起步的數位娛樂公司。NeXT 也曾是 KillerApp 的客戶，雖然科頓本人不曾替 NeXT 服務，但順著蘋果與 NeXT 方面的人脈，最後她在一九九六年進入蘋果。科頓一路在公關部門往上爬，最後成爲賈伯斯的直屬部屬，直接向他報告。她用非常強力的手段保護賈伯斯的隱私，除了少數幾個記者，沒有人可以見賈伯斯。科頓是蘋果的守門人，不讓外界偷窺蘋果，而且對內她也一樣強勢。要是有蘋果的員工誤以爲自己可以代表蘋果發言，不管那個人的地位有多高，她都不會讓他有好日子過。在科頓所處的男性世界，一條乾淨的牛仔褲就已經是合宜的上班服，但科頓特立獨行，她總是穿設計師王大仁（Alexander Wang）設計的套裝和鞋子，看起來像是從紐約曼哈頓來的，而不是加州聖荷西。

在科頓的統治之下，蘋果不是一個可以學習公關之道的地方，因爲它幾乎是條單行道。其他公司的公關人員，都習於用各種手段討好記者與客戶，他們對於蘋果十分不圓滑的做事方法感到驚奇。蘋果曾經跟一家科技大廠合作，對方的公關人員回憶：「他們想要從你身上得到什麼的時候，態度會非常積極，而且不斷跟你溝通。一旦他們不需要你之後，就好像你再也不存在一樣，他們會完全不回你電話。除了蘋果，沒有公司會這麼高傲。」

蘋果的公關人員的確會大小眼。少數幾家跟蘋果長期保持良好關係、信譽卓著的刊物（例如《財星》雜誌），他們的記者和編輯會得到特別待遇，尤其是蘋果的新產品快要上市的時候。那時，蘋果會安排獨家專訪，條件是新產品必須被放在顯眼的位置——像是賈伯斯經常自吹自播一切都是由他爭取到的雜誌封面。例如，iTunes 是在二〇〇三年《財星》雜誌首次登場，那期的封面是賈伯斯跟歌手雪瑞兒・可洛的合照。前一年，蘋果則是讓《時代》雜誌獨家登出第一台平板 iMac。照片裡的賈伯斯對著一台時髦的電腦微笑，一旁的標題是「超薄超酷」（Flat-out Cool!）。

投資者也看不到蘋果的笑臉。蘋果的「投資人關係」團隊內只有兩人，只對華爾街分析師與股東釋出非常有限的資訊，這跟其他公司的做法大相逕庭。大部分的企業都會定期舉辦法說會，說明公司的營運計畫，並讓數百位投資人能夠接觸公司高層，但蘋果不辦這類的活動。賈伯斯對待投資者的態度，介於「矛盾」和「看不起」之間。桑福德伯恩斯坦的分析師薩科納吉說：「他是我認識的執行長中，唯一不跟投資人見面的人。你可能管理蘋果二十億美元股票五年，但從來沒有見過賈伯斯。」薩科納吉認爲，想要從蘋果管理團隊身上挖資訊，都是白費功夫，唯一的例外是庫克。薩科納吉說：「庫克是唯一會在照稿發言以外，提供一點有趣資訊的人。」

蘋果在跟外界溝通的時候總是採取高姿態，但有一個例外：蘋果會主動迎合（而不是命令）擁有影響力的產品評論者。有兩個人有此殊榮：《紐約時報》的大衛・柏格（David Pogue）與《華爾街日報》的渥特・摩斯伯格（Walt Mossberg）。柏格是詼諧的電子產品評論家，擁有廣大的讀者。一名蘋果前 iTunes 工程師回憶，他的第一個孩子才剛出生，公司就打電話到他家說：「柏格的 Apple TV 壞了。」這名工程師說：「他們要我逐一確認柏格 Apple TV 的所有開發記錄檔。我心裡想：『你在開玩笑對不對？』但其實這是因為，火災發生的時候，如果你想用最快的速度滅火，你會找來每一個專家。Apple TV 就要上市了，蘋果非常在意大眾的觀感。」

柏格的意見很關鍵。除了文章之外，他還為電腦使用者撰寫鉅細靡遺且廣受歡迎的工具書。然而在所有的新聞記者之中，蘋果最重視的是摩斯伯格的看法（在個人科技的世界裡，他幾乎跟賈伯斯齊名）。摩斯伯格原本是國防記者，後來因為說出一般消費者的心聲（摩斯伯格認為自己的確是普通使用者），成為美國最具影響力的個人科技評論家。賈伯斯回到蘋果之後，摩斯伯格一直是蘋果產品忠實的擁護者，他毫不掩飾對蘋果的支持。雖然 PC 的霸主是微軟，摩斯伯格覺得微軟的東西無趣又複雜，他比較喜歡蘋果好用又比較高科技的產品。賈伯斯回報摩斯伯格的方式，則是出席他跟矽谷記者卡拉・史威席（Kara Swisher）共同主辦的「All Things Digital」科技論壇。賈伯斯很少出席這種場合，但他特別賣摩斯伯格面子。

如果摩斯伯格不欣賞蘋果的某樣產品，不用問就知道賈伯斯會站在哪邊。二〇〇八年的時候，摩斯伯格跟其他許多的評論者，大肆批評蘋果推出的 MobileMe。MobileMe 是一種電子郵件同步服務，理論上可以提供跟流行的黑莓機一樣的功能。結果賈伯斯暴跳如雷，他把 MobileMe 的團隊找來開了一個會，痛罵他們居然讓他、讓自己、讓彼此都失望。更糟糕的是，他們讓蘋果公開受辱。賈伯斯對他們說：「你們毀了蘋果的名聲，你們應該痛恨彼此，因為你們讓彼此丟臉。我們的朋友摩斯伯格不再寫我們的好話。」

各領域的名人，在蘋果都可以得到紅地毯招待。蘋果非常清楚，取悅公衆人物是最基本的形象管理。多以爾在二〇〇五年前後是蘋果營運部門的主管，他說過一個故事：有一次歌手小亨利・康尼克的 Mac 需要新螢幕，結果多以爾輾轉接到公司的命令。多以爾回憶：「那是我第一次碰到客戶升級令。」（蘋果會替 VIP 客戶升級一般的客服要求）。多以爾說，那次康尼克寄了一封電子郵件給賈伯斯，賈伯斯把信轉寄給庫克，庫克又把信轉給高階採購主管黛卓・歐布萊恩（Deirdre O'Brien）。「歐布萊恩告訴我：『這是你第一個來自賈伯斯的命令，不要讓他失望。』」結果多以爾在三十五分鐘內，用快遞把螢幕寄了出去。

蘋果的公關手法很獨特，但也非前所未見。賈伯斯採取八面玲瓏的做法，他在一般大衆面前叫賣商品，碰到有影響力的專欄作者時則逢迎拍馬，這種種都讓人想起他的偶像愛德溫・蘭德（Edwin Land），也就是拍立得相機的發明人。早在賈伯斯開始替蘋果與蘋果產品編織願景的數十年前，寶麗來的蘭德就已經是企業推銷的大師。他會舉辦華麗的活動來爲重點產品造勢，有業界記者現身會場，主流媒體的記者也一定會報導，例如蘭德在一九四七年揭曉他的拍立得產品時，邀請了《紐約前鋒論壇報》與《全國攝影業界雜誌》參加他在美國光學學會的演講。作家維克・麥凱亨尼（Victor McElheny）寫過一本大部頭的蘭德傳記，書名恰巧可以當成賈伯斯的墓誌銘：「堅持做不可能的事。」傳記裡說，蘭德跟賈伯斯一樣對《財星》雜誌特別有好感。

麥凱亨尼注意到蘭德非常善於宣傳，他將發明出來的東西商品化，而那些發明居然也能在熱門博物館裡展出。套句麥凱亨尼的話來說：「他很懂宣傳。」

賈伯斯從來沒有親口證實他的宣傳天才是不是從蘭德身上學來的，不過他也從來沒有掩飾他對蘭德的推崇。蘭德被寶麗來踢出門之後，賈伯斯曾在一九八三年拜訪過這位偉人，當時蘋果的執行長史考利也在場。史考利說，這兩個人的共通點在於，他們在一項產品尚未成形之前，就能看出那項產品將可改變世界。幾年後，賈伯斯接受《花花公子》訪談的時候，滔滔不絕表示：「蘭德是個麻煩製造者。他從哈佛休學後創立了寶麗來。他是當代最偉大的發明家，更重要的是，他看到藝術、科學與商業的交會點，他所成立的公司正是如此。」寶麗來的董事後來決定把蘭德從他一手建立的公司踢出門，賈伯斯認爲：「那是我聽過最愚蠢的事。」多年後，賈伯斯仍然一直記著蘭德，也會不時提到他。賈伯斯覺得蘭德是世界上最偉大的企業家與說故事者，但世人卻有眼無珠，因而他一直無法釋懷。

被蘋果拒於門外的哈佛學者

蘋果不只是對媒體吝嗇，不對外敞開大門。說到借時間或借名字協助別的公司行銷的時候，蘋果一樣自私。蘋果的主管很少會出現在非蘋果的產品發表會。更難有一般學者能在蘋果的配合下研究蘋果。蘋果是全世界最常討論的公司，但卻是最少有人能觀察（至少從內部觀察）

的公司。

哈佛商學院的學者大衛・尤飛（David Yoffie）曾經分析過蘋果。對於這個主題，尤飛幾乎可以說是到了渴求的地步。他教的課包括策略、科技與國際競爭。在當今的年代，如果對蘋果沒有深入了解，將越來越不可能專精於這類主題。尤飛從一九八一年就在哈佛教書，他曾是學術界裡最權威的蘋果專家。一九九〇年代初的時候，他可以自由進出蘋果：「我第一次對蘋果進行個案研究的時候，史考利（當時的執行長）讓我有六到八個月的時間可以在蘋果內完全通行，也讓我做許多次的內部訪談。」

隨著時間的過去，尤飛跟蘋果的關係越變越複雜，導致賈伯斯也對他有「複雜的情緒」。尤飛在一九八九年進入英特爾董事會，但他仍然以哈佛的名義公開評論好幾家公司。尤飛回憶：「我在一九九七年到二〇〇〇年之間，對蘋果十分嚴厲。」到了最後，尤飛成爲賈伯斯「記憶力太好」的受害者。蘋果漸入佳境之後（同時，麥金塔電腦改採了英特爾晶片），縱使尤飛已經「改變口吻」，開始說蘋果的好話，他仍然在黑名單上。尤飛說：「（賈伯斯）說，一旦英特爾跟蘋果建立了正式的關係之後，他就會讓我進去。然後他又說，『不行，你一直都太過批判。』」

二〇一〇年九月的時候，尤飛發表他最新的蘋果個案研究。這是自從史考利還是蘋果執行長、他第一次研究以來，第八次的修訂。回顧蘋果的整體歷史時，尤飛從最近的情形開頭，大談「幾乎不管從哪個角度來看，蘋果的起死回生都可說是驚人的成就」。在過去的歲月，尤飛成爲科技業的內部人士，他進入好幾家企業的董事會，除了英特爾之外，他還是數位錄影系統公司 TiVo、金融引擎公司（Financial Engines），以及蘋果競爭者宏達電的董事。儘管尤飛的產業知識十分豐富，他的蘋果個案研究裡卻沒有一丁點的第一手資訊（尤飛坦承他缺乏新材料，但他也特別提到他的論文贏得二〇一一年「歐洲個案交換中心」的最佳個案研究獎）。

尤飛絕對不是唯一被蘋果拒於門外的學者。理論物理學家傑佛瑞・韋斯特（Geoffrey West）過去曾是聖塔菲研究院的院長，也是矽谷知識份子中很受歡迎的人物。韋斯特最近的研究主題是「企業的生與死」。讓他扼腕的是，蘋果不在他的觀察範圍之內。「我並不了解蘋果這一間公司。我只知道我熱愛蘋果的產品。我的研究時常提到 Google，但我幾乎沒有聽過有人用學術語言來談蘋果。跟 Google 還有亞馬遜不一樣的是，我甚至不認識半個在蘋果工作的人。」

7 征服朋友／駕馭敵人

蘋果在二〇〇七年一月九日推出第一支智慧型手機。遠在那之前，蘋果的主管就想好要怎麼稱呼那支手機。

蘋果在二〇〇一年十月二十三日推出 iPod 音樂播放器。四年過後，iPod 成爲近八十億美元的生意。二〇〇三年四月二十八日登場的 iTunes Store，是蘋果的線上流行音樂雜貨店，消費者可以在那裡付費下載音樂、電影和電視節目。蘋果準備推出智慧型手機的時候，iTunes Store 每年已可帶來近二十億美元的營收。順理成章，這新的手機應該叫 iPhone。

但是有一個問題：iPhone 這個名字已經名花有主，矽谷大廠思科擁有這個名字。

蘋果和思科的業務很少有重疊的地方。思科製造的是讓大型企業與電信業者能夠連上網路的設備，也就是一般稱爲「網路管線」的東西，像是路由器、交換器，以及其他消費者一輩子都搞不清楚的東西。思科的確擁有一個叫做 Linksys 的小型家庭網路部門。Linksys 因爲用五點三三億美元收購攝像機製造商 Flip 而跌了一跤，因爲誰想得到呢，後來是蘋果 iPhone 的衆多功能讓 Flip 退出市場。但不管怎麼說，在 iPhone 推出的前夕，思科和蘋果很少處於競爭狀態，兩家都是矽谷的知名企業也是好鄰居，思科主攻企業，蘋果主攻一般消費者。

二〇〇〇年的時候，思科併購以色列公司 InfoGear。InfoGear 有一項產品叫 iPhone，一九九六年就取得商標權。那個時候蘋果還沒開始把每樣產品都叫做「i」什麼，一九九八年的時候，蘋果才取了 iMac 這個名字。賈伯斯從來沒有明確說過「i」這個字母代表什麼意思，雖然在 iMac 的發表會上，他秀過一張投影片，投影片寫著「internet, individual, instruct, inform, inspire（網路、個人、指令、訊息、啓發，都是 i 開頭的字）」。蘋果後來推出許多「i 產品」，但看不出「i」究竟代表什麼意思，只不過是蘋果的命名慣例而已。

對於思科來說，「i」則有特定的意思：思科的產品，包括一系列跟一般電信業者抗衡的企業網路電話。思科已經砍掉 InfoGear 原先的產品，但依據當時思科資深主管查爾斯・吉安卡羅（Charles Giancarlo）的說法，思科旗下的 Linksys 部門已經在用 iPhone 這個名字。蘋果大張旗鼓準備智慧型手機的上市活動時，打了通電話給思科，告訴思科他們非常看好自己的新產品，而且準備要把新產品命名爲 iPhone。

吉安卡羅接到賈伯斯親自打來的電話。吉安卡羅回憶：「賈伯斯打電話過來，說他想要那個名字，他沒有提供交換條件，只說大家都是好朋友嘛。我們告訴他：『不行，我們自己也要用這個名字。』」不久之後，蘋果的法務部門打電話給思科，告訴思科他們認爲思科已經「放棄了那個商標」。蘋果的法律意見是，思科並沒有好好運用那個名字，沒有充分保護自己的智慧財產權。按照蘋果的思考邏輯，這就代表著蘋果可以使用 iPhone 這個名字。吉安卡羅後來離開思科，加入矽谷重要私募股權公司銀湖（Silver Lake Partners）。根據他的說法，思科在蘋果的手機上市之前，曾經威脅提起訴訟，後來蘋果發表 iPhone 的第二天，思科果然對蘋果提告。

這段談判的過程，出現了賈伯斯典型的談判手段。吉安卡羅回憶，思科和蘋果僵持不下期間，在情人節那天的晚餐時間，賈伯斯打電話到他家。賈伯斯聊著聊著，「然後他問我：『你在家可以收電子郵件嗎？』」吉安卡羅一時不知道該怎麼回答，畢竟那可是二〇〇七年，美國家家戶戶都有寬頻網路，更不要說是在網路科技先驅公司工作多年的矽谷主管。「他居然問我有沒有辦法在家收信，你就知道他問那個問題的目的，只是想要讓我發怒——他是在用最溫和的方式來讓我情緒失控。」思科後來很快就讓步，雙方達成了一個模糊的協議，同意以後要爲了共同利益合作。

吉安卡羅曾被視爲思科執行長約翰．錢伯斯（John Chambers）的接班人選，但 iPhone 事件發生後的同一年，他離開了思科。他離開之後，看到賈伯斯的另一面。思科和蘋果和解之後，兩人頻繁的通訊一下子消失得無影無蹤，但賈伯斯聽到吉安卡羅離開的消息後，馬上打電話給他。身爲魅力大師與人際關係高手的賈伯斯，送上非常眞誠的祝福，讓吉安卡羅感動不已。吉安卡羅說：「你可以拿一根羽毛就把我打倒。」

蘋果會在三年後再次踐踏思科。蘋果的行動作業系統本來一直叫「iPhone OS」，後來蘋果決定改成「iOS」，這下又跟思科鬧雙胞。思科一直叫自己的設備核心作業系統「IOS」，也就是「Internet Operating System」（網路作業系統）的縮寫。雖然其他產品出現之後，IOS 的重要性被瓜分，但思科已經用這個名字用了將近二十年的時間。這次蘋果把這個名字據為己有之前，採取了比較友善、但仍然公事公辦的嘴臉。這次兩家公司在蘋果跟大衆宣佈新名字之前，就達成了協議。二〇一〇年六月賈伯斯揭曉 iPhone 4 的時候，蘋果同時也公布作業系統的新名字 iOS。一位曾經參與蘋果／思科協議的主管回憶：「基本上賈伯斯想幹什麼就幹什麼。」

夥伴只能照著蘋果的劇本走

從一九九〇年代初一直到二〇〇〇年代初，也就是從蘋果初次喪失動力，一直到開始朝電腦以外的領域發展期間，蘋果的營運處於一個奇怪的與世隔絕世界。蘋果的硬體跟別人不同，軟體也跟大家不一樣，市佔率很低。蘋果在矽谷特立獨行，一直都居於下風，保持著輸家的心態，到後來甚至連輸家都算不上。此外，蘋果一直都忘不了業界恩怨：軟體開發商不再幫麥金塔研發軟體後，蘋果就一直心懷怨恨。在最黑暗的日子，蘋果幾乎是問無足輕重的公司，但蘋果的心裡仍然保持著傲氣，一直認為自己是個人電腦的先驅。即使是在落魄的時候，蘋果仍然認爲比起單調、無聊的「微特爾」(Wintel)個人電腦(微軟視窗系統加上英特爾晶片的強勢組合),蘋果電腦就是比較潮、比較有型。此外,即使是重返勝利之路後,蘋果仍然維持著獨行俠的風格,常常一副傲慢自大的樣子,像是個局外人。

但也可以說,蘋果就是因爲特立獨行,才能打造出許多方面都十分獨特的企業模式。此外,蘋果的企業文化也自成一格,只照著自己的規矩走。蘋果的所有夥伴,從供應商、顧問到合作廠商,很快就發現一切只能照著蘋果的劇本走。

一家企業要在自己家裡維持跟別人不同的文化也就罷了,畢竟專制君主通常可以操控王國裡的一切,但一旦這家企業要用自己的價値體系,也就是做生意的方法,來跟別的企業打交道的時候,將會發生什麼事?一間公司在跟別人互動的時候,常常會暴露出公司營運體系的長處與弱點。一直以來,不管是在跟恐龍級的傳統音樂公司、電影公司、出版媒體打交道,或是在遇到電信夥伴與提供製造原料的供應商時,蘋果都端出它特殊的企業模式。

蘋果隨心所欲地重新訂定規則。蘋果的 iTunes Store 告訴唱片公司哪些歌唱片公司可以收錢、哪些不行。蘋果告訴 AT&T,如果想要拿到爲期兩年的 iPhone 獨家合約,一切將由蘋果而不是電信公司來掌控使用者體驗,甚至連螢幕上顯示的電信公司名稱也一樣,這一切都跟手機世界的做法正好相反。蘋果因爲不滿意零售商百思買(Best Buy)銷售人員推銷蘋果產品的方式,直接安插自己的員工在百思買的店裡。零售商硬是吞下這口惡氣,還感謝蘋果給他們生意做。應用程式開發商唉唉叫，抱怨蘋果的程序複雜難懂，不知道怎麼樣才能讓 App Store 同意提供他們的程式，但他們還是乖乖聽話：雖然蘋果設下了種種嚴苛的條件，不但要抽銷售的三成，而且對於什麼程式可以擺在 App Store，蘋果也要有百分之百的控制權，大家還是前仆後繼地提供應用程式。二〇一一年年底，App Store 一共提供五十萬種應用程式，三年間支付開發商三十億美元。

其他公司可能會把供應商視爲重要的事業夥伴，但蘋果對待供應商的方式，則讓人想起冷戰時期，美國是如何跟其他北大西洋公約組織（NATO）國家「磋商」。的確是有一個聯盟沒錯，但只有一個超級強權。蘋果會派一個二十幾歲的工程師到亞洲，對著經驗豐富的製造商，解釋蘋果想要做出什麼樣的東西，而且不能更動任何細節。蘋果就是這樣對待所有類型的夥伴，如果那叫「夥伴」的話。一位蘋果前主管說：「蘋果沒有夥伴這種東西，一切都要以蘋果爲主。」

不管你要把蘋果的這種做法定義爲教科書說的「不服從秩序的行爲」（maverick behavior），還是要認爲這是成功帶來的傲慢，也或者這是因爲蘋果被賈伯斯領導太多年了，所以造成這樣的結果，不管是什麼原因，反正蘋果一向會自行決定在什麼時候、要用什麼方法跟別人一起玩，畢竟賈伯斯是個會固定把車子停在殘障車位（他身體健康的時候），然後把車牌拿下，以免有人認出他的車的一個人。前蘋果行銷主管波切斯提供了一個例子，說明賈伯斯在產品發表的演說上，通常是如何運用別間公司的商標：「他每次都會用黑色的背景搭上白色的商標。」換句話說，也就是蘋果呈現自家商標的方式。「很多時候，這不符合合作夥伴的規定，而且很多時候，應該要加上圓圈R的記號，代表那是註冊商標，但賈伯斯每次都省略那個圓圈R，因爲看起來就是不夠美。」賈伯斯可不會容忍別的公司做同樣的事，違反蘋果的商標規定是罪不可赦的，但他自己在簡報裡對別人做這種事的時候，根本不會想到要徵求那家公司的同意。

凶猛的廣告大戰

如果說蘋果對待朋友的方式叫粗魯，那麼蘋果對待敵人的方式，只能說是窮凶惡極。

二〇〇六到二〇〇九年之間，蘋果推出一系列「買台麥金塔」（Get a Mac）廣告。一般電腦產業的宣傳方式，是透過「比較」來強調自己的優越性，但蘋果這一系列的廣告則以糟糕和野蠻出名，赤裸裸地直接對敵人進行人身攻擊。如果麥當勞用同樣的手法攻擊漢堡王，或是福特汽車這樣對付克萊斯勒，民眾可能會吃驚地倒退三步，但蘋果卻沒有受到大眾任何的圍剿，什麼事也沒有。

在「買台麥金塔」之前，蘋果的廣告一般遵循著三種模式：前衛型（例如源自政治諷刺小說《一九八四》、抵抗威權體制的幾支廣告）、幸福溫暖型（快樂的人用著蘋果產品做著有趣的事），以及硬體春宮片型（鏡頭會在一個美呆了的產品周圍緩緩旋轉）。「買台麥金塔」系列則被大家視爲一場「Mac vs. PC」的戰爭，蘋果有了新方針：棉裡藏針的唇槍舌劍。

「買台麥金塔」的操刀人是蘋果長期合作的廣告公司 TBWA\Media Arts Lab。廣告不斷傳遞的訊息是 Mac 電腦很酷、很流行、很安全、操作容易、外型優雅，用起來就是很舒服，而ＰＣ則是宅男在用的，過時、容易有病毒、難以操作、笨拙，用起來就是很討厭。廣告主角有兩個，一個是瘦高、親切的演員賈斯汀・隆（Justin Long），他是童星出身的大明星茱兒芭莉摩的男友。廣告中，賈斯汀・隆會講一句著名的台詞「嗨，我是一台 Mac」，然後他會告訴你麥金塔電腦的一切好處。演ＰＣ（提供ＰＣ軟體的微軟，其實跟ＰＣ是同義詞）的人則是星途不順的喜劇男演員約翰・霍奇曼（John Hodgman）。霍奇曼最有名的作品是《約翰史都華每日秀》。在蘋果這一系列的廣告，他以一個胖子的模樣出現，一副宅男相，打扮邋裡邋遢又過時。在一支又一支的廣告裡，酷炫的 Mac 不停打敗可憐的ＰＣ。ＰＣ會被自己的電源線纏住，但 Mac 不會發生這種事，因爲 Mac 有優雅的磁吸式設計。ＰＣ需要穿著防護衣來抵擋電腦病毒的攻擊，但駭客不會攻擊 Mac。另一則廣告則多了一個假微軟公關人員的角色，這名公關人員試著要幫 Vista 辯護（二〇〇七年上市的 Vista 是 Windows 系列另一個沒用的東西），對於 Mac 宣稱 Vista 正在讓ＰＣ使用者投向 Mac 懷抱一事，女公關人員表示「不予置評」。

蘋果一連串的廣告越來越過份，不停諷刺微軟，逼得微軟不得不回應。微軟雇用前衛的廣告公司 Crispin Porter + Bogusky 推出一系列「我是一台ＰＣ」廣告，提醒ＰＣ的使用者（全世界有十億左右的PC使用者），蘋果的砲轟已經變成人身攻擊，微軟不該是唯一感到不舒服的人。微軟的品牌市場行銷經理大衛・韋伯斯特（David Webster）說：「事情越來越明顯，他們開始侮辱我們的使用者。侮辱我們的產品沒關係，但我們的使用者說了：『我們不是失敗者。』」一開始的時候，微軟打出的廣告是彆扭的比爾・蓋茲加上喜劇演員傑瑞・宋菲德（Jerry Seinfeld），後來微軟改找眞正的PC使用者代言，而且每一個代言人都比蘋果的霍奇曼稱頭。微軟後來對外宣稱，是微軟的反擊迫使蘋果停止攻擊，而蘋果這邊則是覺得不用再打了，因爲已經贏了——就跟學校小混混打人打累了所以停下來一樣。

蘋果從輸家變贏家之後，仍然沒有把尖銳的牙齒收起來。庫克曾經公開威脅要告小小的手機公司Palm，原因是在前蘋果硬體主管魯賓斯坦的操刀下，Palm公布了一款新型智慧型手機Palm Pre，它擁有許多iPhone最優秀的功能，但整件事一下子就無疾而終，因爲Palm Pre並沒有得到消費者的青睞，而且Palm很快就把自己賣給惠普。不管怎麼樣，蘋果那次的氣急敗壞，還是開了一扇小小的窗，讓人看見臉皮很薄的蘋果內心在想什麼。魯賓斯坦是個特例，很少有蘋果離職的主管，膽敢直接跟在蘋果後面。Palm的新型智慧型手機，曾經短暫享受了一下陽光，產品評論者讚美這支手機很時髦，有些地方甚至連iPhone都比不上，但從所有客觀條件來看，Palm從來不是蘋果的威脅，不過蘋果還是採取不留任何活口的態度。對內，蘋果不會容忍平庸。對外，蘋果會咬住所有可能的敵人不放。語氣平和的庫克透過機智的說話風格，告訴外界他的牙就跟賈伯斯一樣利。

要是有人膽敢模仿蘋果，絕對會觸怒賈伯斯，但只要是了解矽谷歷史的人，就會覺得這件事很諷刺，因爲蘋果起家的時候，就是借用了全錄 PARC 實驗室與其他人的發明。Google 開始供應手機製造商 Android 行動作業系統的時候，賈伯斯暴跳如雷。賈伯斯快去世的時候，他讚美微軟最新的行動軟體具有原創性：「至少他們沒有像 Google 一樣抄襲我們。」此外，賈伯斯攻擊奧多比（Adobe）的事也弄得人盡皆知，奧多比是蘋果的長期合作夥伴，但賈伯斯拒絕在 iPad 上裝奧多比的 Flash 媒體播放器，然後又公開說 Flash 是次等品。我們永遠都不會知道，蘋果是不是眞的覺得 Flash 技術有不足之處，還是說其實是因爲奧多比曾經決定公司主力產品將不再推出麥金塔版本，賈伯斯是在報十年前的仇。二〇一一年的時候，蘋果與韓國的三星展開了跨國的行動裝置專利權之爭，似乎對蘋果來說，三星也把自己關鍵的半導體晶片供應給 iPhone 和 iPad 這件事，一點都不重要。

値得思考的是，爲什麼蘋果可以愛做什麼就做什麼，所有人都拿蘋果沒轍。是因爲蘋果目前享有獨特的利基嗎？還是說蘋果有一些放諸四海皆準的東西，値得其他企業學習？可以確定的是，蘋果已經讓人看到，儘管蘋果的話說得再好聽，就算某一方面蘋果願意在人前跟你合作，那不代表你們之間不會在其他地方起衝突。蘋果在用最敵意的態度攻擊最信任的夥伴時，根本不會多想一秒鐘，然後接著在其他案子上，蘋果又會笑臉迎人，與同樣的夥伴一起合作。

蘋果的做事態度，跟電影《教父》裡叛變的二頭目薩爾瓦多・泰西歐一樣：「告訴麥克，這不是針對他個人，只是生意而已。」

「亦敵亦友」(frenemy)是矽谷讓人討厭的一個流行語。這個詞精準地描述了科技業的生活，例如甲骨文曾經因爲高層的人事問題，對惠普公開進行過粗暴、充滿私人恩怨的攻擊，但在此同時，兩家公司仍然持續整合彼此的產品。然而，蘋果可以說是得天獨厚。雖然蘋果會任意踐踏競爭／合作者的自尊，但大家還是會避免觸怒蘋果。

沒有辦法替蘋果開脫的是，蘋果違反了（或應該說是選擇忽略）一條金科玉律：想要別人怎麼待你，你就要怎麼待別人。爲什麼蘋果的時間就是時間，合作夥伴的時間就不是時間，這樣對嗎？憑什麼蘋果可以要求別人嚴格遵守蘋果的商標規定，蘋果自己卻可以忽視合作夥伴的規定，這樣公平嗎？萬一有一天蘋果跌倒，突然需要別人伸出援手，那個時候會不會出現排山倒海的幸災樂禍呢？答案似乎很明顯。

Apple Store——蘋果迷的社群中心

蘋果無情踐踏自己的夥伴和競爭者，但面對顧客的時候則是另一回事。蘋果用細緻的手法讓顧客目眩神迷，讓他們陷在蘋果的溫柔鄉裡——雖然顧客如果想要跟蘋果來往，也一樣必須遵守蘋果嚴格的規定。蘋果的零售產品沒有打折這種事（企業大量購買的時候的確會有優惠，但據說蘋果給的折扣並不是很多。另外，蘋果商店也會給學生一點小優惠）。另外，使用者不能自己換 iPhone 電池，新的行動軟體不能用在舊版的 iPod Touch，消費者要升級就得花大錢換新機。還有其他族繁不及備載的事。

這些事幾乎不曾澆熄蘋果聖殿崇拜者的熱情。零售專家帕可・昂德希爾（Paco Underhill）是《爲什麼我們會買我們買的東西：購物的科學》（*Why We Buy What We Buy: The Science of Shopping*）和《女人要什麼：女性購物的科學》（*What Women Want: The Science of Female Shopping*）二書的作者。根據他的說法：「這不是一家店，而是福音傳播。」不管是開在郊區購物中心的零售店（例如蘋果位於維吉尼亞州泰森角購物中心的第一家零售店），又或者是開在世界重要都市街道上的雄偉蘋果大教堂（像是紐約第五大道、倫敦攝政街，或是巴黎羅浮宮對街的利佛利路），蘋果的殿堂就是美的化身。參觀蘋果商店帶來的體驗，跟別的零售店很不同。在蘋果商店，兩三個清爽的檯子上擺放著蘋果的產品，消費者可以隨意把玩、任意試用。店內優雅的階梯（通常是螺旋式的玻璃梯）會通往「天才吧」服務台，穿著藍色襯衫的員工等著隨時給予顧客特別的協助與關心。在店內其他地方，「銷售專員」會四處穿梭回答問題，展示產品的功能，但永遠、永遠都不會推銷商品。其實也是，顧客都已經在搶購，幹嘛還要催他們？

蘋果這種表面上輕鬆自在的購物體驗，其實經過精密的計算。蘋果甚至會訓練商店的員工如何跟顧客保持良好互動。公司會告訴店員在跟顧客說話的時候，哪些話要說、哪些話不要說。《華爾街日報》的記者肯恩（Yukari Iwatani Kane）與謝爾（Ian Sherr）取得一份蘋果的訓練手冊，手冊上寫著：「你的工作是了解顧客的所有需求——有些需求甚至連顧客自己都不曉得。」聆聽客戶的需求是一種柔性銷售，可以達到跟傳遞企業行銷訊息一樣的效果。兩者其實都經過精密的計算：顧客感覺很自在，但他們聽到的正是蘋果要他們聽的東西。

蘋果商店已經成爲一種聚會場所，而且參與者是眞實的「社群」，不只是一般的網友而已。蘋果從很早很早以前，就開始舉辦聽衆明確的免費座談會，主題是教大家使用蘋果科技。蘋果開始展店的時候，負責行銷事宜的主管奧利佛成立了「這是麥金塔做的」（Made on a Mac）講座，他邀請專家到蘋果商店跟使用者交流。奧利佛說：「我們會請來時尚攝影師，然後講者會跟洛杉磯的三百名聽衆坐在一起討論。攝影師會告訴大家：『這張照片是我用傳統底片拍的，我是怎樣怎樣拍的，這張是用數位相機拍的……我是怎樣用 Photoshop 處理，我是怎樣用我的筆電，我是怎麼做出這種效果。』我們曾經從紐約市請來ＤＪ，他們拋棄傳統轉盤，改用 iPod。然後突然間，有好幾百個人跑來蘇活區的分店，想要聽他們喜歡的ＤＪ大談如何用酷炫手法使用蘋果產品。」蘋果不斷舉辦受歡迎的佈道活動。二〇一一年年底，兒童文學作家莫威樂（Mo Willems）受邀到紐約上西區的蘋果商店演講，講題是他新下載的 iPad 應用程式：「不要讓鴿子用這個應用程式！」

蘋果的「非行銷」行銷工作似乎奏效了。二〇一一年的時候，蘋果商店每間店的平均營收是四千三百萬美元，也就是店內每一平方英尺可以帶來五千一百三十七美元的營收。如果拿其他的企業比一比，根據券商桑福德伯恩斯坦的資料，百思買美國店每平方英尺營收是八百五十美元，蒂芬尼飾品店則努力榨出三千零四美元。以後見之明來看，當初人們怎麼會覺得蘋果進軍零售業是一件蠢事，眞是讓人百思不得其解。

就跟音樂播放器與智慧型手機不是蘋果發明的一樣，直營零售商店也不是蘋果原創的點子。蘋果開第一家店的時候，耐吉已經在各地的精華地段，開設展示性的零售殿堂，像是芝加哥的北密西根大道就有一家店。除了推廣耐吉品牌之外，這類的耐吉商店也賣球鞋和運動服飾。蘋果甚至不是第一家涉足零售業的電腦廠商，例如PC製造商捷威（Gateway，盒子上印有可愛母牛花紋的那家公司）的銷售主力雖然是線上和電話銷售，但捷威在郊區的商店街也開有分店。更著名的例子則是Sony。Sony開了幾家經過精心設計的Sony Style專賣店，專門展示Sony優雅的產品，但同時又盡量不跟Sony的零售夥伴相互競爭。

蘋果的目標不只是進入零售業而已。蘋果開始在二〇〇一年展店的時候，全世界幾乎都是Windows的天下。蘋果刻意把店開在車水馬龍的地點，向Windows的使用者炫耀自己。不過最重要的就是要帶動產品。事實上，蘋果製造的產品越多，蘋果商店就會變得更重要，因爲蘋果商店除了是販售商品的地點外，也是教育顧客的場所。

二〇〇七年，賈伯斯告訴《財星》雜誌他開設蘋果商店的目的，就是爲了販售iPhone。這大概只是一種比喻性的說法。要不然的話，這會是一個蘋果如何提前多年就在計畫產品的鮮明例子。最常聽到的說法是，賈伯斯找來德萊克斯勒當蘋果的董事，因爲德萊克斯勒可以協助他制定零售策略（德萊克斯勒原本是零售服飾店 Gap 的執行長，後來又擔任另一家零售服飾店 J.Crew 的執行長）。事實上，德萊克斯勒一九九九年才加入蘋果，當時賈伯斯根本還沒開始挖角銷售主管人才。蘋果進軍零售業的例子，再次說明蘋果是如何試著要讓熟悉的概念，「起革命性的變化」。

蘋果進軍零售業的時候，主管除了參考別人的店之外，還會問自己一個問題：**什麼是大眾能擁有的最佳消費者體驗**？在討論的時候，他們一直想到旅館業，尤其是飯店的櫃臺人員，所以最後他們想出了「天才吧」的點子。另外，他們也談論什麼東西會讓人們討厭一家店——鬧哄哄的環境、糟糕的設計、不友善或是一直推銷的店員。蘋果商店的外觀，讓人看到蘋果是如何執著於細節。雖然每一家蘋果商店都有不同的特色，但蘋果的建築師一直繞著幾個特定的設計元素打轉，例如店內的裝潢只用三種素材：木頭、玻璃和鋼鐵。由於蘋果把握了這樣的細節，不管店開在那裡，消費者都會知道自己是在蘋果的商店裡。

到了最後，蘋果商店也在某個層面上整合了蘋果的產品。蘋果不只控制了軟硬體，還控制了銷售。蘋果商店讓蘋果這家以加州爲基地的企業，在全世界都有據點。蘋果商店變成蘋果王國好國民的市中心。二〇〇九年的時候，蘋果宣佈不再參加 Macworld 貿易展（Macworld 是第三方廠商辦的活動，主辦人不是蘋果），因爲蘋果已經沒有參加的必要。現在蘋果可以隨時在顧客走進店裡的時候，直接跟顧客溝通。以紐約第五大道上的蘋果商店爲例，那家店從來不曾停止溝通，因爲它二十四小時營業，全年不休息。

讓蘋果幫你約會

有些蘋果的顧客愛蘋果愛到一種全新的境界。二〇一〇年時，幾個自稱是蘋果迷（Apple fanboy）的人士（其中一人是前微軟員工），替蘋果產品的愛好者架設了一個約會網站叫「丘比特蒂諾」（Cupidtino，這名字結合了「丘比特」與蘋果總部「庫比蒂諾」）。這個向蘋果致意的 Cupidtino.com 網站十分有趣，創辦人假設喜歡蘋果產品的人，應該也會喜歡彼此。既然是向蘋果致意，網站也設計得很蘋果，走簡約明亮風，而且使用 Helvetica 字型，就跟蘋果一樣。點選網站圖示的時候，圖示會旋轉然後跳起來，就跟蘋果官方網站 Apple.com 一樣。

已經有三萬一千多名使用者在這個約會網站上註冊。創辦人說，他們在設計網站的時候一直問自己：「賈伯斯會怎麼做？」相較於其他的約會網站 Match.com 和 eHarmony.com，丘比特蒂諾很簡單。丘比特蒂諾不會要使用者填一堆的資料，只要求使用者填四項基本的自我介紹：「我的工作」、「我如何成爲 Mac 人」、「我的有趣經歷」，以及「我在找什麼類型的伴侶」。丘比特蒂諾會幫每位使用者放上一張大大的照片，這很合理，因爲每位使用者都是一個經過特別設計的產品，也是其他人應該想要的高品質商品。金坦・布蘭姆哈特（Kintan Brahmbhatt）是丘比特蒂諾的顧問，也是亞馬遜子公司 IMDb.com 員工。布蘭姆哈特說：「網站強調你會得到什麼。」他表示，丘比特蒂諾展示約會候選人照片的方式，就跟蘋果網站展示 iPhone 是一樣的：又大又顯眼。（丘比特蒂諾的創始人知道，他們的網站至少促成了一樁婚姻：駐日本的美國海軍柯悌斯透過網站與電子郵件找到了眞愛，新娘的名字是潔西。來自聖荷西的潔西是個「蘋果女孩」，夢想有朝一日能在蘋果工作。柯悌斯趁著休假的時候到加州跟潔西碰面，兩人閃電結婚。）

丘比特蒂諾的創辦人是爲了愛才架設網站，不過他們也希望賺點錢。使用者可以送出沒有數量上限的訊息，但如果要收到訊息，每個月則必須付四點七九美元，也就是庫比蒂諾那邊的星巴克二十盎司大杯摩卡的錢。布蘭姆哈特說，目前爲止有百分之二到五的使用者會付費。曾經有保險套製造商與蘋果配件廠商想在丘比特蒂諾上登廣告，但丘比特蒂諾拒絕。「目前我們不想要污染我們的網站。我們要採極簡風。如果是賈伯斯的話，他會這麼做的。」

8 王朝的延續問題

賈伯斯在二〇一一年八月二十四日那天，辭去蘋果執行長職務。接下來的那段時間，人們對於蘋果的未來感到極度焦慮。

一開始的時候，蘋果股價下滑了幾個百分點。分析師、記者和蘋果迷想破頭，希望破解賈伯斯宣佈他再也無法執行「大家對於蘋果執行長的責任與期望」時，留下的極少量訊息。賈伯斯在六個禮拜後過世。

賈伯斯在人生的最後幾週，仍然在體力可以支撐的範圍繼續參與蘋果事務。蘋果的主管與董事仍不斷造訪賈伯斯在帕拉奧圖的家，而賈伯斯也會跟好友康貝爾一起到外頭用早餐，然後在家看場電影。除了 TMZ.com 網站登出一張他由護士攙扶、看起來十分枯瘦的照片外，健康情形幾乎完全沒有外洩過，這讓忠實支持者更加擔心。

大眾的關心之情，再加上所有人一致認爲賈伯斯是蘋果的靈魂，賈伯斯辭職之後，一件奇妙的事發生了。在一個月之內，蘋果的股價衝到歷史新高，在他去世的前一天，蘋果發表最新的 iPhone 4S。iPhone 4S 的相機畫素達八百萬，處理器比 iPhone 4 快，而且還配備賈伯斯最後一次以執行長身分出席董事會時，親自檢視的語音個人助理 Siri。就在賈伯斯去世、Siri 公開亮相一個禮拜後，Siri 獲得廣大好評，包括《紐約時報》的柏格與《華爾街日報》的摩斯伯格都讚不絕口。新手機的預售量在一天之內衝到百萬，超越上一款型號的六十萬單日預售記錄。員工、夥伴與投資人對賈伯斯的去世已經有心理準備。二〇一一年的時候，他的健康狀況就已經惡化，越來越少參加蘋果總部的會議。對於關心「後賈伯斯時代」的蘋果會怎麼樣的人來說，賈伯斯在一月請人生最後一次病假時所寫下的話，可說是一段深具啓示性的預言。賈伯斯說，他有信心庫克「跟其他的執行經營團隊成員會做得很好，他們會執行我們二〇一一年的預定計畫」。這段話的關鍵字是「執行」，這兩個字隱含的意思是，賈伯斯的子弟兵有能力完成賈伯斯已經擬好與批准的長程戰略計畫。

賈伯斯還做了更多準備，確保他的ＤＮＡ會留在公司裡，但沒有讓外界知道。多年來，他跟其他的董事成員都堅持蘋果必須有接班計畫，但沒有透露內容。不用說，接班計畫包括了人選問題——誰會在賈伯斯之後接下執行長的位置。此外，計畫還必須提出辦法，確保蘋果的核心價值會傳給世世代代的領導人。

在賈伯斯卸下執行長職務的同一個八月天，董事會迅速提名庫克成爲下一任執行長。雖然有謠言指出，董事會授權獵人頭公司繼續尋找賈伯斯的替代人選，但除了庫克之外，蘋果董事會從來沒有認眞考慮過其他人選。當然，這是賈伯斯的董事會，而賈伯斯選擇了他能幹的戰友庫克來接他的位子。

然而，賈伯斯不僅思考誰會成爲下一任執行長。他把對蘋果產品的執著，也用在人才的挑選。他花了好幾年的功夫和心思，確保他的願景會一直傳下去。二〇〇八年的時候，賈伯斯的健康開始走下坡，預備進行肝臟移植手術。從那個時候起，他就開始執行一項管理人才訓練計畫，不過那個計畫跟惠普或奇異公司的計畫都不同，就跟 iPad 不同於別的平板電腦一樣。先前賈伯斯已經有了一些公司內部管理人才訓練的經驗，皮克斯大學（Pixar University）提供的課程除了素描、繪畫、雕塑跟電影製作外，還包括領導能力的訓練。賈伯斯想到了實務工作以外的技能。他想要記錄、規範與傳授蘋果的企業史，這樣以後的領導人才有參考的依據，才能有與衆不同的思考方向。大張旗鼓之下，賈伯斯創辦了蘋果大學（Apple University）。

創辦管理人才訓練課程，似乎跟鼓吹「求知若渴、虛心若愚」的賈伯斯很不合。自從賈伯斯讀過《全球概覽》（*The Whole Earth Catalog*）雜誌後，他的思想就開始反文化。一直以來，他都認爲ＭＢＡ是沒有用處的東西。那些讓商學院教授（那些很愛搞市場調查的人）目眩神迷的概念，賈伯斯一律討厭。整體來說，賈伯斯也不喜歡ＭＢＡ的畢業生。有的公司重視ＭＢＡ學位，但在蘋果這樣的組織，對於科學、藝術或音樂的熱情，才是公司重視的東西，商業不是

（庫克不算。雖然他任職於ＩＢＭ的時候，努力在晚上修課拿到ＭＢＡ學位，讓自己的學歷更完美。但他跟里德大學中輟生賈伯斯一樣，自成一格）。然而，一旦一間公司成爲全世界排名前幾的公司之後，輕視ＭＢＡ的態度就變成一個問題。大型的公司需要架構，需要領導。這樣的一間公司，需要擁有企業思維的人才。

二〇〇八年的時候，賈伯斯聘請豪爾・波多爾尼（Joel Podolny）協助成立蘋果大學。當時波多爾尼是耶魯大學管理學院的院長。他是經濟社會學家，專長是領導力與組織，但他不是傳統那種文謅謅的教授。波多爾尼在史丹佛和哈佛教過書，但在二〇〇五年，他以三十九歲這個「非常成熟的年紀」成爲耶魯商學院院長的時候，展現了跟賈伯斯非常類似的作爲。波多爾尼在耶魯擔任院長的時候，十分具有爭議性，他重新安排研究所的課程，原本課程都是單一主題，像是「行銷」，但波多爾尼則把課程改成跨領域的主題，像是「員工」、「創造力與創新」。爲了配合蘋果愛搞神秘的低調作法，波多爾尼在抵達庫比蒂諾後，接受了一個類似證人保護計畫的東西。他在史丹佛大學的老友，尤其是必須防範的對象。史丹佛商學院教授海牙格利法（海格）・勞歐（Hayagreeva "Huggy" Rao）說：「他變得……該怎麼說呢……講到蘋果的時候，他的嘴巴就閉得緊緊的。」勞歐跟其他的史丹佛教授一樣，都說自己很少見到波多爾尼。一開始的時候，蘋果聘請波多爾尼成立蘋果大學，後來又把他升爲人力資源部的副總裁，雖然他從來沒有管理過任何人資部門。

賈伯斯長期忽略蘋果人資部門的功能。他傾向對外招募人才，認爲對外招募是很重要的一件事。不過，賈伯斯也意識到蘋果迴避一般管理、迴避擁有傳統企業背景的領袖，的確讓蘋果錯失一些東西。他曾經說過：「我們用的ＭＢＡ不多，但我們相信教與學的重要。我們的確想培養自己的ＭＢＡ，但必須是蘋果風格的ＭＢＡ。我們擁有的有趣個案比任何人都多。」

波多爾尼還聘請了其他幾位教授，像是哈佛大學的理查・泰德羅（Richard Tedlow），然後他們開始撰寫跟蘋果有關的個案。六十四歲的泰德羅是美國學術界重要的企業歷史學家，他最知名的成就，是爲美國最成功的現代企業家梳理他們的生平與成就。他研究的對象包括喬治・伊士曼（柯達創辦人）、亨利・福特（福特汽車創辦人）和湯瑪斯・華生（ＩＢＭ創辦人）。泰德羅原本是「哈佛一九四九ＭＢＡ校友工商管理基金教授」（MBA Class of 1949 Professor of Business Administration）。他跟學校請假，到蘋果擔任顧問。後來在二〇一一年，他一篇新聞稿都沒發佈，就結束在哈佛二十三年的教書生涯，全心替蘋果服務。他在哈佛的同事李查・維爾多（Richard Vietor）說：「他告訴我，他會做他以前在這裡做的事，只是他現在是爲蘋果內部的主管做。」

蘋果大學教授的個案，包括蘋果如何從零開始建立零售策略，以及蘋果如何在中國尋找外包工廠。這些案例會盡量提到公司受挫的經驗，因爲公司最能學到東西的機會，就是從錯誤中學習。蘋果主管會在教授的指導下，教導大家這些案例。

泰德羅在《企業巨人》（*Giants of Enterprise*）一書中，中肯地提到大企業所面臨的挑戰：

在所有的人類活動中，沒有任何東西比商業更充斥著一窩蜂的風氣，就算是娛樂、體育、名流時尚或是政治，也沒有這樣的情形。每天都會有報紙頭條，每個禮拜都會有雜誌報導。現在有了網路，說不定我們很快就可以說，每個小時都會出現另外一位「大師」。這些「大師」會渲染新的企業英雄、兜售新的問題解決方式，但那些方法不只是十年前的舊東西，甚至是更久以前的古董。每個所謂可以解決問題的新「解決方案」，其實永遠沒有辦法解決問題，頂多可以幫助企業處理問題而已。研究企業史至少會有一個好處，那就是主管會懂得問：這個方法、這個點子、這家公司，實際上可以撐多久？

泰德羅比較他研究過的前瞻企業家，他觀察到這些創立偉大企業的人士，都得了一種叫「權力錯亂」的病。他說：「這種病在創造力或破壞力強大的人士身上非常流行。事實上，挪威話有一個字可以形容這種症候群，那就是 stormannsgalskap。這個字大概的意思是『大人物的瘋狂』。」如果要找出哪一家公司的領袖罹患了這種病，那家公司就是蘋果。

目前還沒有流言傳出泰德羅曾經跟學生談過「大人物的瘋狂」這個主題。泰德羅教的是其他公司的案例，讓蘋果主管能套用在自己的情況上，例如他曾對著蘋果的人資人員講解一九八二年嬌生止痛藥泰諾（Tylenol）被下毒的危機事件，以及嬌生子公司麥尼爾消費產品公司（McNeil

Consumer Products）如何應對。他也以曾經稱霸一時的連鎖雜貨店A&P爲例，替蘋果的主管上了一課，講解盛極一時的企業爲何會一敗塗地。一位學員開玩笑：「我們一直在想，究竟A&P跟蘋果有什麼關連。」

多年以來，蘋果都把學院拒於門外。蘋果對學院敞開大門後會有什麼結果，將會是值得觀察的事。泰德羅加入蘋果前的最後一本書是《啓動你的面對力：爲何無法面對現實？如何學會不再逃避？》（*Denial: Why Business Leaders Fail to Look Facts in the Face—and What to Do About It*）。這本書的廣告上寫著，一個「逃避現實」的常見徵兆就是「專注於蓋閃亮的新總部，而不是專注於競爭」。蘋果幾乎不曾忽視過來自外界的競爭，但賈伯斯在二〇一一年六月七日最後一次對外發言的時候，曾經宣佈蘋果即將興建「像一艘巨大太空船一樣」的宏偉新總部。

庫克上台後的溫和改變

蘋果大學對於蘋果的企業文化會造成什麼影響，外界要許多年後才看得出來，但賈伯斯在跟賈伯斯不在會有什麼不同，外界很快就會看出一些端倪——尤其是那些賈伯斯不感興趣的領域，以及大家認爲賈伯斯是「禍首」的缺點。在賈伯斯的領導下，蘋果稱不上是一個完美的地方，因此賈伯斯的死除了是蘋果的巨大損失外，其實也是契機。舉例來說，蘋果的員工都知道一個家醜不可外揚的小秘密：賈伯斯一個人造成了公司很大的瓶頸（one-man bottleneck）。說到底，賈伯斯太過展現個人好惡，而且一天的時間內，他就只能做那麼多的事。蘋果的員工常說蘋果只有兩種計畫：「賈伯斯著迷的計畫及其他計畫」。事實上，蘋果通常是個「一次只有一件大事」的公司，因爲蘋果傳奇性的執行長一次只願意專注在一件大事上。

賈伯斯擔任執行長期間，一個蘋果前工程師用電腦科學家的行話，解釋這種現象：「他是一個『單一執行緒』的人，其他事都得等。」有個例子是蘋果研發第一支 iPhone 的時候，麥金塔作業系統的預計更新日期延宕了好幾個月，因爲資源都被挪去開發手機的作業系統。

賈伯斯拒絕在蘋果裡一心多用。這個問題一直要到賈伯斯在二〇〇六年把皮克斯賣給迪士尼後，才稍微獲得解決。在那之前，他一週會有一天，待在這間位於舊金山灣對面的電影動畫公司。這跟他對蘋果的期待是一樣的。一般來說，蘋果不會同時進行好幾項計畫。員工越低階，就越可能只專注於一項計畫。這種做法的好處很明顯，只要看蘋果有限但優秀的產品陣容就知道了。然而，過於專一也有壞處。蘋果現在已經是一間跨足各領域、擁有多種產品的公司。可以想像的是，不那麼具有前瞻性的管理人員，將會願意不要把雞蛋通通放在同一個籃子裡，尤其是現在蘋果已經在同時應付多條產品線。

由於蘋果很成功，蘋果內部很少討論的另一個話題，則是蘋果的「孤兒產品」，也就是蘋果根本就不太在意的產品。賈伯斯掌權期間，如果一項產品似乎一直沒有出頭的一天，負責的員工都心知肚明爲什麼：因爲賈伯斯沒興趣。一個例子是蘋果的試算表軟體 Numbers。相較於蘋果耀眼的簡報軟體 Keynote，Numbers 黯淡無光。一位離職的工程師一針見血地指出：「Keynote 之所以是個很棒的應用程式，是因爲賈伯斯會用到簡報。Numbers 沒有『賈伯斯風』，這很容易了解，因爲賈伯斯不用試算表。」賈伯斯曾經爲了宣揚只讓一個人管理公司財務、全公司只有財務長一個人要用試算表的好處，自豪地表示：「這年頭根本已經沒有人會帶著試算表走來走去。」這當然是無稽之談。不說別的，庫克就是試算表大師。另外，蘋果負責不動產、物流、製造的管理軍團要是沒有試算表的話，根本無法工作。不過不管怎麼說，這句話的確反映了賈伯斯的態度。事實上，蘋果的 Numbers 也的確不是微軟 Excel 的對手。如果蘋果有一天眞的想要討好企業的電腦使用者，那麼設計出更好的試算表軟體，將會幫助蘋果走向正確的方向。

每當有東西引起賈伯斯的興趣，蘋果所有其他部門全會被忽略，而且一般來說，被忽略的部門都會成爲成長緩慢的部門，例如麥金塔電腦就面臨了這樣的命運。員工都很清楚這種現象，很多離開蘋果的人都說，他們會離開是因爲發現自己身在蘋果不熱門的部門，沒有任何展望。

蘋果的新政權可能會在不知不覺中帶來有益的變化。科技迷喜歡抱怨蘋果的產品「看起來」比實際上美。換句話說，他們指責蘋果爲了工業設計犧牲了機械設計。這種批評具有爭議性，因爲同樣的一群批評者，也常說蘋果就算是沒那麼完美的產品，也比各家的產品好。不管這樣的批評是否公允，蘋果之所以重美學勝於重功能，最直接的原因就是賈伯斯的領導方式。如果說蘋果在這方面有進步的空間，賈伯斯的離去也許提供了一個契機。

後賈伯斯時代的蘋果，也可能進入財務管理的摩登時代。多年來，賈伯斯都堅持蘋果必須有良好的資產負債表，他非常害怕在一九九〇年代後期蘋果幾乎破產的慘劇會重演。賈伯斯憎恨股票買回，他的理由很充分，他認爲這是一種對投資者的賄賂，不是好的資本運用方式。然而，讓七百五十多億美元的現金就閒置在那裡，不是任何人心中的良好財務管理。華爾街人士對於蘋果可以如何加強這一方面，有各式各樣的建議，像是發放股利，或是用更積極的方式投資。大家都認爲，要跟賈伯斯談這種事是不可能的任務。賈伯斯對待現金的方式，就好像他經歷過經濟大恐慌的年代一樣。投資者如果要期待現代的資產負債表管理，就必須等蘋果的執行長有MBA的訓練。庫克是MBA，而且他會定期對投資人講話，這將會是一個開始。

此外，在後賈伯斯的時代，蘋果似乎可能成爲一個更仁慈、更溫和的地方。庫克上台後第一個行政動作，就是提供員工慈善捐款計畫。在發錢這一方面，賈伯斯是出名的吝嗇鬼。賈伯斯曾私下表示，蘋果能做的最慈善的行動，就是增加公司價值。如此一來，投資人就能夠把自己的財富，捐給他們選擇的慈善事業，而不是用蘋果的錢來做這件事。基於自由派的政治傾向，賈伯斯認爲投資人會偏好這樣的做法（賈伯斯的妻子蘿琳甚至比丈夫更左派。賈伯斯曾經跟《賈伯斯傳》的作者艾薩克森開玩笑，他邀請新聞集團董事會主席、右派的魯柏・梅鐸到家裡吃晚飯的時候，必須「先把刀子全部藏起來」）。即使如此，就在庫克成爲執行長的兩個禮拜後，庫克告訴蘋果的美國員工，以後他們捐多少錢給慈善團體，公司也會捐多少錢，每個人每年的金額上限是一萬美元。庫克發了一封電子郵件給全公司的人：「謝謝你們。你們爲了讓蘋果還有其他人的生命有所不同，全都非常努力工作。對於能夠身爲這個團隊的一員，我感到十分驕傲。」

悲觀與樂觀的蘋果未來

樂觀人士在談論蘋果的後賈伯斯時代時，提到很多事。慈善活動以及能夠跟微軟匹敵的試算表軟體，只是兩個小例子而已。他們說，沒有了賈伯斯之後，一些奇怪的事就會消失。

不過，也有悲觀的意見。有人認爲沒有了賈伯斯之後，蘋果會變得沒那麼有活力，產品再也不會引起近年來的瘋狂搶購。蘋果一向提供連消費者自己都不知道自己想要的產品。這群看到「半空水杯」的悲觀人士，預見蘋果的產品線會在幾年內就枯竭。一位蘋果前軟體工程師說：「蘋果是爲賈伯斯而設計，這並不是一種誇張的說法。賈伯斯是蘋果產品的使用者，一切的東西都繞著他打轉，一切都是爲他量身打造。」

企業家麥克・麥庫伊（Mike McCue）從來沒有在蘋果工作過，但他也是那種把賈伯斯視爲偶像的狂熱創業家。麥庫伊曾經以一個故事說明世界是如何繞著賈伯斯打轉：「我曾經跟艾夫聊過，稱讚蘋果的產品線互相完美地結合。」

我人在一家蘋果商店，那個時候蘋果才剛推出新系列的 Mac 與 OS X〔蘋果的桌電軟體〕。我記得那個時候我抬頭看著螢幕，結果看到他們網站上有一種灰色半透明的線。如果眼睛往上看，看著 OS X 的功能表，上頭也用了那種灰色半透明的線。如果你把眼睛抬得更高，蘋果顯示器上也是那種灰色半透明的線。然後我看到左邊的時候，我的左邊有一個隔著〔商店不同區域〕的玻璃板，上頭也有那種灰色半透明的線。我問艾夫：「那是怎麼回事？蘋果的誰會做那種事？」他無奈地告訴我：「那是賈伯斯弄的。」

除此之外，賈伯斯還用無形的方式掌控著蘋果。只要是跟品味有關的事，他是最後的仲裁者。一名從蘋果跳槽到矽谷新創公司的工程師曾經形容，Google 是數學導向，蘋果是設計導向。賈伯斯擔任執行長期間，由他決定大小事，就連網站的配色也是一樣。這位工程師說：「打個比方好了，如果 Google 想要幫新網頁決定顏色，Google 會進行分析測試，他們會提供好幾種不同的藍色，然後要一百萬的 Google.com 用戶選擇他們喜歡的顏色，然後再分析點閱率。」換句話說，Google 會採取民主的方式：使用者不可能是錯的，他們靠著點閱來投票。就算工程師的意見不同，認為別的藍色比較好，使用者分析會證明他是錯的。對 Google 來說，「群眾外包」（crowdsourcing）才是王道。

「使用者民主制度」跟蘋果的做法是正反對照組。賈伯斯很出名的一件事，就是他會告訴消費者什麼才是他們想要的東西。他不會問消費者的意見。這位蘋果前工程師的結論是：「蘋果的做法是，賈伯斯會選他喜歡的顏色，然後事情就決定了。他願意聽不同的說法，但如果你是在爭論品味或是在爭論意見，那你穩輸。」蘋果被視爲時髦的消費性電子產品公司，這讓公司裡有新創意、有企業精神的人才很難出人頭地，因爲說到時尚的時候，整間公司賈伯斯說了算，他的下屬沒有一試身手的機會。

除了以上的意見外，還有第三種看法。樂觀的蘋果支持者抱著很大的希望，他們認爲賈伯斯已經把自己的DNA徹底深植在蘋果裡，羽翼豐滿的小鳥們準備好要展翅高飛了。企業顧問麥考比是「遠見型」與「自戀型」領導者的專家，他發現「教導」是「有生產力的自戀者」的主要目標：

> 自戀型的執行長希望所有部屬對於企業的看法，都跟他一樣。「有生產力的自戀者」常常擁有強迫性人格的色彩，他們善於讓別人改採他們的思考模式看事情……威爾許（Jack Welch）的策略十分有效，奇異公司的經理只有兩條路，他們只能內化威爾許的願景，要不然就是走人。很顯然的，這種學習會具有強大的動機。甚至可以說，威爾許的教導是一種洗腦。然而，威爾許的確擁有罕見的洞察力與知識技術，他有辦法達成所有自戀型企業

領導人都想做到的事——讓組織認同他們的理念，讓組織用他們的方式思考，成為公司的化身。

如同前文提到的，據說一九六六年華德・迪士尼去世後，在接下來的幾年，迪士尼的高層主管經常會問：「如果是華德的話，他會怎麼做？」但迪士尼公司對於蘋果的學生來說，是一則警世的故事。華德・迪士尼去世之後，迪士尼陷入了深淵。他走後幾年，他的子弟兵奮力推出最後一系列的經典迪士尼動畫音樂劇，動畫音樂劇是華德產品線的標誌。一九六七年，他們推出了《森林王子》，但接著迪士尼動畫的水準就越來越參差不齊、越來越怪（像是《黑神鍋傳奇》、《妙妙探》），一直要到一九八八年的《威探闖通關》和隔年的《小美人魚》，迪士尼的動畫才重新上軌道。這兩部影片讓迪士尼起死回生，但也有很多華德・迪士尼可能不會贊同的元素，例如艷兔太太潔西卡與海底女巫烏蘇拉可能不會被批准。烏蘇拉的外型設計，是依據變裝皇后以及常在美國導演華特斯（John Waters）電影中出現的肥胖變裝角色「神聖」而來。

即使有了這些成功的例子，在新任領導人艾斯納的領導之下（迪士尼後來從派拉蒙電影公司請來艾斯納），迪士尼的創意能力落後到必須買下皮克斯。賈伯斯出資的皮克斯，精準看到電腦動畫的未來。動畫原本是迪士尼闖出的一片天，但皮克斯逼得迪士尼不得不追上最新科技。

蘋果今日面對的問題，在於賈伯斯的世界觀是否已深深烙印在蘋果高階主管的心裡，就算沒有賈伯斯，一切由他們當家作主之後，他們也能夠繼續經營公司。一位蘋果前主管在離職之後，仍然近距離觀察蘋果。根據他的說法：「蘋果第一階和第二階的主管長期跟賈伯斯接觸。在這樣一個強大的同化過程中，他們變得跟他心靈相通。」

這種充滿希望的想法認爲，蘋果最高階以及再下一階的主管，都非常理解「概念中」的賈伯斯，所以他們完全知道在未來應該怎麼做。賈伯斯去世之前，蘋果的工程師在解決爭論的時候，喜歡撂下一句狠話：「你敢自己去跟賈伯斯說這行不通嗎？」把自己的想法自動修正成賈伯斯的想法，也許在一定時間內還可行。艾夫對賈伯斯說過的設計的事，應該跟賈伯斯對他說過的一樣多——在未來的日子裡，艾夫應該可以爲蘋果負起替時尚把關的責任。蘋果的經理和員工也都已經接受過訓練，可以執行自己的任務，而且他們有不能讓同仁失望的強大壓力。一位蘋果的前行銷主管說：「蘋果的同質性很強，風會一直吹在那張帆上很長一段時間。」

很多人擔心賈伯斯去世之後，蘋果就會完蛋，但也有人認爲，蘋果大概還是會鶴立雞群一陣子，其中部分原因是蘋果很優秀，部分原因是眾家企業都有自己的局限。賈伯斯去世前的幾個禮拜，在二〇〇六年離開蘋果的長期資深軟體主管特凡尼安曾說：「賈伯斯離開之後，競爭者仍然出不了賈伯斯。」

大部分的公司會死亡，蘋果呢？

賈伯斯是企業家。一個企業家的任務，就是開創一間能擊敗所有產業龍頭的公司。賈伯斯在非常年輕的時候，就開始思考企業會什麼會死亡。他知道大公司以及企業人士一個最大的挑戰就是僵化。他在一九九五年「史密森尼口述歷史計畫」的訪談中提到：「我一直覺得死亡是生命最偉大的發明。一開始必須沒有死亡，生命才能成長茁壯，但接著要是沒有死亡的話，生命就不會延續得很好，因爲年輕人沒有空間。」賈伯斯當時接受訪談的時候，正是他試著要讓NeXT茁壯的時候。軟體公司NeXT的企圖是打亂現存市場的秩序。另外，賈伯斯當時也正處於皮克斯的勝利高峰。皮克斯是家小公司，但在創意方面卻擊敗了巨人迪士尼。

不過，賈伯斯顯然一直把蘋果的失敗記在心上。他在提到大公司的問題時，提出以下觀點：

> 企業和人都會發生的一件事，就是他們會守住某種看世界的方法，覺得事情保持現狀就好。世界一直在改變，一直在演化，具有潛力的新東西會冒出來，但守著舊東西的人看不見那些東西。新創公司最大的優勢就在這裡。多數的大公司會墨守成規。除此之外，大公司通常沒有暢通的溝通管道。最接近新事物的人是底層的員工，但他們很難把意見傳給

那些可以做重大決策的公司高層……有些公司就算低階員工做了對的事，高層也有辦法把事情弄得一塌糊塗，像是ＩＢＭ和個人電腦就是好例子。我認為要是人類無法解決這種抱著一種世界觀不放的天性，所有的企業都逃不了過了一陣子之後，一定會有年輕的競爭者跑出來；年輕人會帶來創新，這是應該的。

只要看賈伯斯在說了這番話後，蘋果走了多遠，就知道這段話多麼帶有預示性。此外，我們還可以透過這段話，了解賈伯斯爲蘋果帶來了什麼樣的心態與文化。還有，對於許多罹患賈伯斯所說的病症的大公司而言，這段話也是很好的精神食糧。梅格・惠特曼（Meg Whitman）在二〇一一年九月被任命爲惠普執行長的前幾天，曾經向《華爾街日報》談過大公司要跟上快速變遷的困難：「你越大，就越不靈活。你要怎麼樣一邊變大，一邊還保持小的好處？這一直是個重要的問題。」

這個問題也許對惠特曼還有惠普來說是如此，但對於蘋果來說，在過去的十五年間，蘋果一直關切如何在變大的同時，一邊又能保持新創公司的心態。在企業文化方面，蘋果進軍音樂與影視產業，展現了新創公司願意嘗試新事物的意願。蘋果提供 App Store，彌補先前不對第三方開發商敞開大門的錯誤。值得注意的是，蘋果並不是在第一時間就想到 App Store 的點了，而是看到 Google 要替 Android 環境成立應用程式商店才想到。另一個原因，則是蘋果發現開發商為了讓 iPhone 可以跑他們未取得授權的軟體（通常是電腦遊戲），努力地非法「駭」進 iPhone。蘋果迅速、強硬地回應，在沒有說出口的情況下，承認了自己的錯誤。

蘋果的內部人士說，如果真的把蘋果想成一間新創公司，會是一件很可笑的事。蘋果裡有太多的規定、太多的人，但少有自由，蘋果不可能是一家新創公司。不過，賈伯斯找出了方法，讓有必要的時候在有必要的地方，蘋果可以達到新創公司的效果。正是因為如此，雖然艾夫的工業設計團隊掌握了龐大的資源，而且還可以直接跟「客戶」溝通，但團隊運作的方式就像是一間小型的諮詢公司一樣。負責特定計畫的研發人員，會神秘地躲到一塊隔離的區域去做事，假裝自己好像是一家新創公司一樣。在此同時，蘋果其他比較成熟的部門，運作的情形則跟大公司一樣，像是成長緩慢、重複過去的產品而不是全面重新設計，以及很難得到資深主管階層關愛的眼神等等。

在未來的十五年左右，一場戲將會上演，業界將會看到蘋果是否真的躲過劊子手的糾纏，又或者一九九七到二〇一二年這段黃金年代，其實是由一個不平凡的人所創造的特殊時期，世人再也看不到這樣的榮景。如果蘋果成功了，那麼蘋果將會是企業史上幾乎可說是前無古人、後無來者的特例。

聖塔菲研究院的物理學家韋斯特研究過組織的壽命。他深具開創性的研究顯示，除了少數例外，大部分的城市不會死亡。最近韋斯特與同僚路易斯・貝登克特（Luis Bettencourt）、馬可・

漢米爾頓（Marcus Hamilton）把注意力轉到企業身上。他們研究了兩萬多家上市公司的資料，最後韋斯特的結論是：公司跟城市正好相反。大部分的公司不但會死亡，而且還活得跟生物有機體一樣。

韋斯特說：「我們研究了『比例定律』並問了一個問題：改變有機體的大小時，有機體會如何改變？」不拘小節的韋斯特留著一臉大鬍子，看起來像是聖誕老公公與刻板瘋狂科學家的混合體。「身爲有機體的人類會在很長一段時間保持穩定，他們先會有十五到十六年的成長期，然後接下來的五十年就保持穩定。」韋斯特的結論是，很奇妙的，公司和人類很類似。「一般來說，公司都會呈現生物有機體的S型成長曲線。」（S型曲線意味著快速成長，然後是一段穩定的停滯期間，最後下降。）「幾乎所有的生物都像那樣。這樣的資料讓我們發現公司會死亡。」

賈伯斯十五歲時的沉思與韋斯特的科學發現有著驚人的相似之處。韋斯特還說：

> 一家公司剛開始的時候是新創公司。這家公司引起了一陣大騷動，接下來是一段百無禁忌的階段，公司不在乎付帳的事，只忙著探索著新原則。員工不到五十人的時候，似乎有很多隨機的行為。如果這家公司活了下來，在員工數到達五十到一百之間的時候，公司就會開始出現S型行為。進入那個階段後，公司將會需要科層體制，還會需要人資、法

令遵循等東西。公司會一步步邁向科層體制。跟城市不同的是，公司的創新階段會逐漸消失。城市會容忍各種瘋狂的人在城市裡走來走去，但沒有公司會那麼做。相反的，公司會漸漸無法容忍新點子，一家公司開始壓制擴張後就不酷了。上次我拜訪 Google 的時候，感覺到科層體制已經入侵 Google——Google 自己也感覺到這個問題。死亡的前兆悄悄潛了進來。蘋果可能已經發現這個問題，而且正在靠接受新點子死命抵抗。現在的問題是：企業可能抵抗嗎？

蘋果已經在幾次的轉型中活下來。蘋果先是從小型的新創公司，變成膨脹的跨國企業，然後又瘦身變成基本上只有一種產品的公司，然後又開始再次擴張產品線。

蘋果把所有的注意力都放在賈伯斯的死，較少注意到另一個更重大、更讓人不安（至少在內部）的轉變正在成形。在二〇〇一年，也就是蘋果剛推出 iPod 與零售商店的時候，蘋果的營收主要來自桌上型電腦和筆電。二〇一一年，iPhone 佔了蘋果營收的百分之四十四，iPad 是百分之十九，iPod 是百分之七。所有的桌電和筆電加起來，佔了圓餅圖的百分之二十。

在公司文化方面，這象徵著重大的轉變。二〇〇二到二〇〇五年間擔任產品經理的強森回憶：「〔這場轉變〕正在展開的時候，我人在那裡。一開始的時候，一切都繞著 Mac 打轉。會有 iLife，是爲了要賣 Mac。Mac 是重點，整棟大樓是爲了賣更多的 Mac 而忙，然後事情開始轉向

iTunes。人們說：『去他的，我們賣位元賺的錢比賣原子多（譯注：原子是指實體的東西）。』現在一個類似的轉向正在成形，蘋果正在走向非PC產品與『雲端』服務，像是iCloud。對業界和對蘋果來說，這都是一個激進的轉變。」強森說：「蘋果正在變成一家完全不同的公司，這讓人處於一種騷動之中。大家很害怕。你本來在一艘遊艇上工作，你的工作就是賣飲料。現在遊艇變成一艘別的東西，變成貨輪：那你的工作呢？他們會替你找一個位子嗎？」

蘋果是間充滿矛盾的公司。蘋果的員工與整間公司的氣質充滿著不可一世的傲慢，但在此同時，他們又極度恐懼「大賭會有大輸」的一天。公司的創意由賈伯斯操控，公司成員都是終身或幾乎終身景仰蘋果的人，對他們來說，只有蘋果的做事方法，才是正確的做事方法——這點跟一般的創意環境幾乎完全背道而馳。蘋果公司的營運則跟全美國的企業一樣，不過比較優秀。負責營運的幹部是一群自IBM投奔的人，跟蘋果的文化可說是一南一北。蘋果有企業的才氣，但又把人限制在一個受到嚴加看管的小框框裡，人人必須遵守通過時間考驗的作法。蘋果的公眾形象（至少從廣告看起來）是個想到什麼就做什麼、充滿樂趣的一家企業，但公司內部卻是個缺乏歡樂又日夜不停工作的地方。

毫無疑問的，庫克注意到他個人的弱點，也注意到賈伯斯留下的破洞。庫克不可能把目標放在用自己的形象重新打造蘋果。蘋果能做的是找到正確的領袖，讓那些領袖用「賈伯斯可能會認可的方式」來領導公司，但在此同時，蘋果也必須了解，公司不可能用「賈伯斯應該會用的方法」來治理公司。如果眞的要這麼做，甚至可說是在蠻幹。就這點而言，就算庫克的攝政期長達十年，對於蘋果來說，他可能是個守護型的執行長。

9 鼓舞模仿者

費德爾和他未來的妻子正在進行第一次約會，一名不速之客打斷他們。費德爾在二〇〇一年加入蘋果一個特別產品小組，後來一路高升，成爲 iPod 部門的資深副總裁。丹妮爾・蘭伯特（Danielle Lambert）是高階人事主管，也是後來蘋果的人力資源副總裁。費德爾在蘋果待了快一年之後，一位同事把他跟蘭伯特配對。兩個人在「無限迴圈路一號」的大廳進行了一場盲目約會，他們沒有跑去吃晚飯或喝杯酒，而是坐在公司大廳裡聊了好幾個小時。

就在他們一見鍾情的當中，賈伯斯出現了。賈伯斯走向這對愛苗正在萌芽的情侶，然後開始跟蘭伯特講話，完全忽視費德爾的存在。費德爾猜想這是執行長在表示他的不滿。在十二個禮拜高度機密的追求之下，費德爾和蘭伯特訂婚了，他們馬上告訴賈伯斯這件事。賈伯斯把他們叫進辦公室，告訴他們：「一直有人告訴我：絕對不要讓公司員工跟高階人資主管結婚。」他同意爲他們開特例，但也提出警告：「我相信你們兩個不會互相過問對方的專業領域，你們永遠都不會討論工作上的事。」

費德爾和蘭伯特成爲夫婦，然後兩個人又在蘋果待了將近十年。費德爾變成蘋果最有名的主管之一，媒體稱他「iPod之父」，大家猜測他會成爲蘋果未來的執行長。然而，費德爾在歷經一連串跟賈伯斯的衝突，以及跟軟體的佛斯托爾的不合之後，在二〇〇八年離開蘋果。賈伯斯十分看重費德爾，雖把他趕出蘋果的執行團隊，但讓他擔任一年多的執行長顧問（企業常常付錢給「顧問」，好讓這名顧問不會再「指導」其他的企業。費德爾不替蘋果競爭者工作的報酬，是三十萬美元的年薪，以及價值超過八百萬美元的股票）。

費德爾中止跟蘋果的關係之後，進行了一場高賭注的實驗：他親身測試了蘋果主管在「無限迴圈路」總部外仍然可以發揮才能的假說。蘋果的高階主管不乏加入其他公司的例子，但大部分的人都留在蘋果。費德爾是蘋果最近的執行團隊成員中，第一個從零開始成立消費性電子產品公司的人。由於費德爾在蘋果戰功彪炳，他的成敗將代表著蘋果的經驗是否能夠複製。

費德爾的新公司Nest不跟蘋果競爭，至少目前還沒有。Nest推出的產品是「學習型恆溫器」，就算是很不會ＤＩＹ的人，也有辦法把家裡原本笨拙的恆溫器丟出門外，自己裝好這台售價兩百四十九美元的裝置。Nest的裝置很聰明（費德爾稱爲「擁有溫度控制功能的智慧型手機」），擁有多項節能功能，還可以記憶使用者喜歡的方式，根據家中是否有人自動調整環境。這台恆溫器的外觀是一個光滑的圓形鋁合金裝置，上頭有ＬＥＤ面板，就算是擺在蘋果的店裡，看起來也絲毫不突兀。雖然在蘋果的時候，費德爾不負責產品行銷，但他很會用簡單的方法描述新產品。他不加思索地說出 Nest 恆溫器的三大好處：「這台裝置可以節能、自動設定，而且外型美觀。」

費德爾在進入蘋果之前，曾替別家公司服務過，像是飛利浦電子以及已經不再營運的通用神奇（General Magic，早期某個世代的蘋果員工離開蘋果時，很多都跑到這家公司）。先前的工作經歷讓他知道，哪些蘋果經驗他可以運用，哪些又不應該運用（有的時候是不能運用）。費德爾說：「就算你的資源有限，還是不該抄捷徑。」這是他從蘋果學到的最重要的原則。「人們感覺得到。」費德爾提到，Nest 的支出比一般的新創公司都多，例如每台恆溫器都會附上一支專爲客戶設計的螺絲起子。附螺絲起子的用意，是要讓顧客在裝的時候更方便。費德爾說：「我們的營運人員說：『把那東西拿掉。』」公司的人認爲，顧客自己就有螺絲起子，不必要的支出會減少利潤。費德爾則認爲應該要附，因爲螺絲起子可以提供更好的使用者體驗。從另一個角度來說，Nest 不得不比蘋果謙虛。費德爾比喻，他們就好像是二〇〇一到二〇〇二年間的蘋果一樣：「那個時候我們試著要證明，我們手上的 iPod 是有價值的東西。」另外，Nest 跟蘋果不一樣的地方，在於 Nest 必須把客服外包。「我們不像蘋果對百思買那樣，有那麼人的權力，我們跟經銷商是比較平等的關係。」

如果費德爾是在奇異公司爬到高位而不是蘋果，他今天很可能正在掌管一家大企業。在執行長威爾許時代的尾聲，奇異被視爲執行長的培訓所。波音、零售商家得寶（Home Depot）、科技公司漢威（Honeywell）、連鎖商艾伯森（Albertsons）、尼爾森（Nielsen），以及其他許許多多的企業，都選擇用奇異主管來經營自己的公司。奇異擁有獨特的管理魔法，許多董事會都相信，如果管理人員有辦法在嚴格的「六標準差」品管制度中也適應良好，那他們做什麼都沒問題。奇異的神話太深植人心，讓美國喜劇影集《超級製作人》的編劇兼主角蒂娜・菲（Tina Fey）利用傑克・多納許這個角色，在每一季製造無窮的笑料。多納許是虛構的「奇異東岸電視暨微波爐播送部」副總裁，野心勃勃的他老愛講一些老生常談的管理理論。

由於幾個原因，人們很難判斷蘋果經驗究竟能不能帶著走。首先，蘋果的資深主管通常都會在蘋果待很久，他們終於離開的時候，通常已經精疲力竭而且荷包滿滿。蘋果一直到最近才開始用正式的方法訓練管理人才。大部分的學習都是靠潛移默化而來，但即使如此，許多相當資深的主管連基本的財務分析都沒碰過。許多年來，相較於其他大企業，人們很少看到蘋果前主管在另一家科技公司擔任領導人。而許多離開甲骨文的主管，後來都成爲數十億美元企業的領袖，像是客戶關係管理服務公司Salesforce.com、應用程式軟體公司仁科（PeopleSoft）、軟體開發公司亞貝爾系統（Siebel Systems）、Veritas與資料整合軟體廠商Informatica。

換句話說，很少有蘋果人在離開庫比蒂諾後，到其他的地方試一試自己的身手。不過的確是有幾個人在其他公司擔任重要的職位，但這種例子通常是一離開蘋果後就走馬上任。米契・

曼帝奇（Mitch Mandich）在蘋果買下 NeXT 後負責銷售業務，他後來自己成立了一家備受矚目、但辛苦掙扎的乙醇公司「雷奇燃料」（Range Fuels）。

魯賓斯坦在蘋果負責硬體工程，還負責掌管第一代 iPod 部門。離開蘋果後，他成爲手機公司 Palm 的執行長，負起讓 Palm 起死回生的重責大任。魯賓斯坦徹底改造 Palm 的智慧型手機產品陣容，而且獲得不少好評，但 Palm 無法以一己之力掌握市場。Palm 缺乏資金，無法在快速成長的智慧型手機市場，跟蘋果和 Google 正面對決（蘋果的新產品與 Google 的 Android 行動作業系統之所以能成功，一個原因是它們有其他搖錢樹產品可以提供大量資金，像是蘋果有麥金塔，Google 有搜尋廣告。而 Palm 缺乏這樣的優勢）。

弗來德・安德森長期擔任蘋果的財務長。在他的協助下，私募股權公司 Elevation Partners 誕生了。這家公司進行了幾次時機有問題的錯誤投資，例如 Palm 就是一例。Elevation 的合夥人包括U2樂團的主唱波諾，算是蘋果和賈伯斯的朋友。原本擔任蘋果代言人的U2，後來成爲黑莓機製造商RIM的代言人，這對蘋果來說有些尷尬，對 Elvation 和 Palm 來說也是。

在接下來的日子裡，企業界將觀望另一位蘋果的高層主管，看他如何把自己在蘋果的豐功偉業運用在另一間公司。二〇一一年年底，蘋果的零售長強森成爲美國連鎖百貨彭尼（JCPenney）的執行長。他誓言重新打造彭尼百貨公司，讓這家零售商能再創高峰。強森在蘋果擁有英雄般的聲譽。這位從前的 Target 公司商品行銷副總裁，曾經帶領團隊推出一系列麥可・葛瑞夫（Michael Graves，譯注：美國建築師與設計師，以替 Target 設計家用品而聞名）的獨家產品，蘋果的直營零售店就是他打下的基礎。他把蘋果零售店的概念推廣到全球，在二〇一一年會計年度的尾聲，蘋果在十一個國家擁有三百五十七家分店。強森準備好要邁向下一個人生的轉折了。

用蘋果經驗來賣汽車

許多年來，矽谷的信條是千萬不能模仿蘋果。蘋果封閉的商業及軟硬體研發手法，被很多人視爲悲劇性的策略錯誤。蘋果的做法讓原本技術居於下風的微軟，掌控了整個產業。即使蘋果在過去十年再度風光，還是很少有大公司會公開模仿蘋果。惠普最近試著在拉丁美洲和加拿大開零售店，但卻跳過美國。蘋果作風似乎在年輕一代的企業家中影響力比較大，特別是在矽谷。這些科技 2.0 的新巨人仰慕蘋果對於細節的執著，也羨慕蘋果有辦法打造一個能引誘與魅惑消費者的世外桃源。

爲了表示對蘋果的敬意，PayPal（付費機制公司）與 Space X（太空探險新創公司）的創始人艾隆．馬斯克（Elon Musk）聘用蘋果的高階零售主管布蘭肯希普來管理特斯拉汽車（Tesla Motors）剛起步的銷售事宜。特斯拉是馬斯克正要展翅高飛的電動車事業。布蘭肯希普頭二十年的職場生涯，都在 Gap 服飾服務。他現在則是特斯拉「全球銷售與消費者體驗」副總裁。對特斯拉這種剛成立的公司而言，「全球銷售與消費者體驗」的工作，包括了零售展場的地點選擇與設計，公司必須跟傳統的汽車經銷商做出區隔，就像蘋果的零售精品店，必須跟美國電子零售商「電路城公司」（Circuit City）的超級商場有所不同一樣。

五十八歲的布蘭肯希普留著整齊的山羊鬍，他是負起特斯拉重責大任的合適人選。他原本替旗下擁有多家品牌的零售巨人 Gap 掌管不動產的經營，後來又在二〇〇〇年跳槽到蘋果，替正要出發的蘋果商店提供大師級的地點建議。布蘭肯希普說：「今天我坐在這裡看特斯拉，就像看著十到十一年前我加入蘋果時的蘋果一樣。」我們聊天的位置是特斯拉聖荷西「展示場」的大廳。特斯拉的展示場不是經銷門市（在美國的某些州，這兩者的法律定義有所不同），而且本來也就不該讓人想起汽車的銷售場所。特斯拉的展示場裡，沒有穿著短袖襯衫、打著醜陋領帶的銷售員，而且場地的選擇本身就很獨特：聖荷西的展示場，設在高級商圈「聖塔娜購物道」（Santana Row）的中間位置，左右鄰居是 BCBG Max Azria 和 Franco Uomo 兩家服飾店，跟高速公路匝道離得遠遠的。展示場的牆壁是搶眼的深紅色，巨大的蘋果顯示器播放著特斯拉廣告。牆上的互動式觸控螢幕讓潛在的汽車買主，可以自己設計夢幻電動車的內裝。

布蘭肯希普表示，他在特斯拉的任務，就跟從前蘋果開零售店的時候一樣：讓一無所知的顧客了解新產品，讓他們從根本不會想到要買，變成潛在的客戶。「從某方面來說，我把 iPod 視爲蘋果向前邁進的一大步，因爲在那之前，蘋果還在努力建立信心，讓人們覺得走進店裡很安心。後來 iPod 出現的時候，一台要賣四百美元，而那時大部分音樂播放器的售價是一百四十九美元。差別在那裡？嗯，差別在於這一台是『一千首歌盡在你的口袋裡』。」其他的播放器是否能裝一千首歌其實不重要。重要的是，蘋果想出了這句完美捕捉 iPod 功能、而且又讓人朗朗上口的行銷台詞。在提到如何賣出售價十五萬美元起跳的敞篷車時，布蘭肯希普所描述的特斯拉願景，顯然跟蘋果的行銷手法有異曲同工之妙。布蘭肯希普說：「三點七秒內從零加速到六十。不，那不可能。你錯了，上車試試你就會知道，從零到六十眞的只要三點七秒。每充一次電就可以跑兩百四十五英里？那不可能。錯了，我們的車就可能。我們做的事，就是開發會想要我們的車的顧客。這跟價格無關，這跟想要那輛車有關。」

布蘭肯希普爲特斯拉一手包辦店面，又爲公司第一個昂貴的產品設計行銷訊息，但除此之外，特斯拉和蘋果還有很多類似的地方。蘋果在推出 iPod 之後，又推出價格便宜很多的 iPod Mini。特斯拉也計畫推出要價只要五萬七千美元的轎車「Model S」。布蘭肯希普說：「我們有很多排隊等著買 Model S 的顧客，因爲他們很想要那輛車。」布蘭肯希普不需要特別點出的是，這些排隊的客戶之中，很多都很喜歡特斯拉的敞篷車，但買不起（演員喬治．克隆尼與達斯汀．霍夫曼，以及好萊塢超級經紀人阿里．埃曼等名人，顯然有辦法負擔）。

布蘭肯希普費了很大的力氣，想要在蘋果的零售法則，以及特斯拉希望採取的汽車銷售方法之間，找出不同的地方：「他們試著要讓人們產生購買興趣，我們則是要引起購買興趣。他們試著要打破先入爲主的成見，我們則試著要推廣一種新科技。他們不想把重點放在價格上，我們不把重點放在價格上。他們想要提供很棒的體驗，我們想要提供很棒的體驗。」

蘋果有一點是特斯拉還不打算模仿的。「艾隆（特斯拉的老闆）眞的問過我……『你覺得我們也應該辦 Top 100 嗎？』我說：『還不需要，眞的還不需要。』」布蘭肯希普解釋，先前蘋果把版圖從電腦擴張到音樂和手機，這種時候需要資深管理階層之間的合作，而目前特斯拉只販售一種產品。

臉書也仿效蘋果經驗

特斯拉的管理階層，欣賞蘋果傳遞訊息的方式與零售手法。其他的 Web 2.0 公司，像是臉書、推特等社群網站與 Inkling 電子筆，也把蘋果當作研究對象，希望借用其他蘋果成功的因素。十年前，人們很少會提到蘋果，特別是網路公司，但今天蘋果是最熱門的話題。前 Google 主管、現任臉書營運長桑柏格說：「我們把蘋果視爲一個了不起的典範。從蘋果如何傳遞一致的訊息，到蘋果的企業架構，我們研究蘋果的一切手法。」

臉書創立了一個「封閉」（也就是「離線」）平台，並鼓勵其他人在臉書上建立應用程式（以上是臉書的用語，聽起來是不是有點耳熟？）。臉書的年輕創辦人兼執行長札克柏格，常跟賈伯斯一起在帕拉奧圖散步，向年紀較長的賈伯斯尋求建議。另外，桑柏格和賈伯斯都是迪士尼的董事。桑柏格說，蘋果的例子也有助她處理跟札克柏格之間的關係：「我替一家以創始人馬首是瞻的公司工作。看著賈伯斯溝通熱情與專注的手法，可以幫助我了解，怎麼樣能幫助札克柏格實現他對臉書的願景。」

據說一位有名的矽谷企業家，因爲太仰慕賈伯斯，事事把賈伯斯當作榜樣。發明推特的傑克・多西（Jack Dorsey）就仿效賈伯斯，一方面負起推特的營運責任，一方面也擔任 Square 的執行長（Square 是多西成立的行動付款服務新創公司。賈伯斯比較不常待在皮克斯，但仍然參與大部分的公司事務，像是他在擔任蘋果執行長期間，也主導了皮克斯賣給迪士尼的交易）。Square 雅致的白色信用卡刷卡機，很容易被誤認爲是蘋果工業設計實驗室的作品。

在此同時，幾位蘋果離職的員工也帶著他們的蘋果經驗，成立自己的公司。前蘋果教育行銷主管麥特・麥金尼斯（Matt MacInnis）說：「文化是我們鼓勵與不鼓勵的東西的總合。」麥金尼斯後來成立了 Inkling。Inkling 是一家數位出版公司，原本專賣 iPad 教科書。麥金尼斯列出的幾項 Inkling 創辦理念，全都借自他在蘋果的經驗：「產品研發完成之前，不要談論產品。目標要遠大。不要跟全公司談公司路線。」

即使是蘋果重新崛起前就成功的企業家，也在研究蘋果經驗。麥庫伊在很年輕的時候，就在網景（Netscape）擔任主管。成立語音辨識公司 Tellme Networks 後，又以近十億美元的價格把公司賣給微軟。他最近的一次創業，則是出版平台 Flipboard。這個聚集 iPad 數位內容的平台，預備在雜誌業掀起翻天覆地的影響。麥庫伊從早期就在研究蘋果。麥庫伊是創業家，他擁抱蘋果的理念，認為「科技不該是為科技而生」，而應該改變這個世界。就像蘋果所說的，科技的目的是要「在宇宙留下痕跡」。麥庫伊一直在思考，蘋果是如何專注於簡潔的設計以及細節。「我們主要在做的事，是在經過縝密的思考之後，提供一種純粹的使用者體驗。我們會花好多、好多、好多小時，討論螢幕角落的『關閉』鈕，然後我們會試試看，試好幾百個不同的設計，最後才終於決定我們喜歡哪一個。這種專注於細節的結果，就是你真的無法做很多很多的事。你只能把少少幾件事做得非常、非常好。」

新創公司最好的教材

並不是每一間公司和每一名主管，都有辦法模仿蘋果，像是有些公司太複雜，一份損益表不夠用（可以想像的是，蘋果有一天也可能變得太複雜，需要多份損益表）。此外，有些企業需要做市場調查，例如某家石油龍頭企業會先了解需求後，才開採石油。

但除此之外，很難想像蘋果的某些基本原則為什麼不能模仿。誰會叫公司不要專心做一件事？或是叫員工不要負責？製造產品和遞送服務的人之中，有誰不會因為多問以下這個問題而得到好處：「我們做了那個決定，是不是因為那對產品來說是最好的，而且也因此對顧客來說是最好的？」有哪家公司不會因為嚴格檢視自己所傳遞的訊息而得到好處？公司至少應該要問：我們的訊息是不是夠簡化？我們的重點清不清楚？有多少的公司會允許公關部門同時處理眾多事務，包括負責滿足執行長的自尊，而不只是推銷產品？公司是不是應該要員工放棄，要他們不要分心去追求對自己有利、但對公司沒好處的東西？職涯發展對股東來說都有好處嗎？

賈伯斯毫不掩飾自己十分推崇新創公司，他發瘋似地要讓蘋果保有一些新創公司的特點。事實上，雖然中型和大型企業也許會想學習蘋果，蘋果反而可能是新創公司最好的教材。賈伯斯重返蘋果的時候，蘋果已經病入膏肓，所以他可以用重新開機的辦法來治療。對世界上其他的人來說，這是「起死回生計畫」。在一九九〇年代的尾聲，蘋果幾乎可以算是剛起步的企業，拋開業界做法對蘋果來說，不但不會損失什麼，反而可以得到很多東西。重生後的蘋果就像是一個寶藏，蘋果的管理與營運特色，可以作爲引領所有企業的指標。對於企業家來說，蘋果是一本貨眞價實的指南。

不過，模仿蘋果一個最大的困難點，在於蘋果的企業文化有三十五年的歷史，而且過去蘋果的背後有一位率領著六萬員工的精明執行長。這位卓越的企業家就是蘋果的標誌。沒有任何一家公司，能夠輕易模仿蘋果文化。不過在此同時，蘋果也即將找出自己的企業文化有多強大——公司即將發現過去的豐功偉業，究竟有多少應該直接歸功給賈伯斯。

10 還有一件事……

二〇一一年十月四日禮拜二那天，「讓我們來聊聊 iPhone」（Let's Talk iPhone）活動準時在早上十點開始，就和以往的蘋果活動一樣。蘋果庫比蒂諾總部的會議廳，擠進二百五十名收到邀請的來賓。會場充滿著緊張興奮的情緒。首先，這場活動是庫克被任命爲執行長後，第一場公司產品發表會。但更重要的是，蘋果的熱情支持者一心一意期盼，蘋果將會發佈全新的智慧型手機 iPhone 5。蘋果的流言討論區說，iPhone 5 原本預定在六月登場，但六月的時候蘋果沒有發表 iPhone 5，所以一定是今天。

大衆會如此期盼 iPhone 5，是因爲據說 iPhone 5 有新的「形式要素」，値得大肆慶祝一番（「形式要素」是科技迷喜歡講的術語，其實就是指裝置的外型）。一支擁有全新設計的手機對於愛好者來說，是一個看得見、摸得到，可以好好欣賞的美好物品。產品發表會對科技迷來說，就像是時尚編輯和百貨公司採購人員的巴黎新品一樣（雖然蘋果消費者在產品發表後，不需要等太久就可以在店裡買到）。此外，蘋果迷感覺到這是歷史性的一刻：他們即將見證的新產品，可能是病重的賈伯斯最後一個從構思到開花結果都參與的產品。

就跟平常一樣，此時蘋果最高主管的心裡藏著秘密，但他們不會在今天的發表會上就揭曉那個秘密：在會場幾公里外的地方，賈伯斯正躺在帕拉奧圖家中的床上，死神已經來召喚他。幾天前，蘋果已經預先通知帕拉奧圖警方，蘋果的共同創辦人隨時可能離開人世，蘋果覺得應該給地方當局一些時間準備，因爲傷心欲絕的蘋果迷，一定會湧到賈伯斯家外頭的空地悼念他們的偉人。

賈伯斯將在隔天下午三點鐘離開這個世界。八年前纏上他的疾病，最後還是奪走了他的性命，但在今天的產品發表會上，好戲還是要開鑼。會場外頭，是庫比蒂諾萬里無雲的燦爛藍天。會場裡頭，則是竊竊私語的聲音。劇本已經寫好，來賓就座了，產品發表節目也都準備好了。建築物外頭，停著地方與全國新聞媒體的實況轉播車。架好攝影燈的臨時攝影棚已經就緒，預備向全世界播放接下來的新聞。會場內，記者和其他蘋果請來的貴客吃著點心，喝著咖啡和果汁。記者知道，他們也是蘋果儀式的一部分；多數受邀的記者，先前已經參加過十幾次的蘋果產品發表會。

早上九點四十五分蘋果開門的時候，衆家攝影師可以先入場，剩下的來賓則跟在後頭搶位子：平面、電子媒體記者以及蘋果的合作夥伴與貴賓齊聚一堂，推特執行長科斯特洛（Dick

Costolo）、AT＆T高層無線事業主管德拉維加（Ralph de la Vega）都來了。《華爾街日報》的摩斯伯格坐在會場中央離講臺幾排座位的地方。在今天，他的身分只是另一個蘋果請來歌功頌德的記者。

在音樂停止播放之前，這場產品發表會跟蘋果多年來無數的發表會沒有什麼不同。喇叭放著四首一九六〇和七〇年代的老歌，衆人忙著找座位、忙著把大小筆電拿出來、忙著和熟人打招呼。現場播放的音樂都是賈伯斯會喜歡的歌，有滾石合唱團的〈在我的指下〉、齊柏林飛船的〈無盡的愛〉、何許人合唱團的〈我無法解釋〉（現在想一想，這首歌可以當蘋果公關部門的「部歌」了），以及〈跳啊，傑克〉（這首也是滾石的歌）。公關部門的主管，以及蘋果活動的第一把交椅科頓，在上午九點五十五分的時候，坐進第二排的位子上。會場第一排中間十個位子中，有九個坐了蘋果的資深主管，包括軟體長佛斯托爾、線上服務主管庫埃，以及產品行銷副總裁希勒。艾夫是賈伯斯智囊團中唯一缺席的人。

庫克從舞台左後方的布幕，大步走向台前的時候，衆人第一次感覺到，這場發表會將跟以前的發表會不同（第一排空的位子從前就是他的）。先前賈伯斯不在的時候，庫克也主持過活動（賈伯斯請病假期間，蘋果從來沒有停止過產品發表），但這次不同。雖然很心痛，但庫克也意識到蘋果已經邁向下一個階段。他告訴大家：「這是我被任命爲執行長後的第一場產品發表會，相信你們都沒發現這件事。」現場發出一陣笑聲。庫克說：「這是我畢生的榮幸。」接著他告訴大家，蘋果過去無數的歷史性時刻，都發生在這個會議大廳，像是二〇〇一年iPod的產品發表，還有二〇一〇年全新MacBook Air的上市。庫克說，這個地方「對我們之中很多人來說，就像是第二個家一樣」。現場冒出更多笑聲。「今天這個日子，讓我們想起這間公司的獨特之處，我很榮幸能在蘋果。」

現場沒有人把庫克誤認成賈伯斯，但眼前一下自嘲、一下又以救世主形象出現的庫克，有自己獨特的風采。庫克一一細數蘋果最近的成就，滔滔不絕拋出「這裡有驚人的動能」、「只有蘋果能做到」等句子。蘋果在上海開了一家新分店，在開幕的那個週末，就吸引了十萬訪客。庫克放了一段蘋果商店盛大開幕的影片，影片裡是一張張顧客發亮、開心的臉，而且是中國的蘋果顧客。庫克說：「我大概已經看了這段影片一百次，就算要再多看一百次也不成問題。」庫克這裡用了一個賈伯斯的說話技巧，他巧妙地引導聽眾認為，他們剛剛目睹了一段驚人的影片，但在此同時，他也讓世人看到蘋果做事的方法：庫克是個說話實在的人，他很可能在無數次的發表會排練中，眞的把那段影片看了一百次。

庫克依照劇本以及蘋果的簡報重點，輕鬆自在地回顧蘋果過去的表現。他先是告訴聽衆：「我們一切的努力都是爲了我們的產品。」接著他又告訴大家，MacBook Air「又薄、又輕、又美，而且超快」。這段話幾乎跟一年前MacBook Air上市時，他的「即席」評論一樣。其他的主管，包括庫埃、佛斯托爾、希勒，也檢視了不同的產品區塊，包括幾項產品的新版本。接著希勒宣佈當天的大新聞。他說出「iPhone 4S」幾個字的時候，會議廳是一陣尷尬的沉默，焦急期待的興奮感消失了。iPhone 4S 有更快的處理器、更佳的相機功能（八百萬畫素……優於大部分的兩百美元傻瓜相機），還有其他新功能，但外觀和原本的 iPhone 4 一樣，而且不是 iPhone 5。更不要說蘋果一般會每兩年重新設計 iPhone，而 iPhone 4 才出來一年而已。群眾感到一陣洩氣，蘋果讓所有人的期盼落空了（消息出來後，蘋果股價直直往下掉，九天後才回到高點）。

還有一個功能要展示。從前賈伯斯簡報的時候，會拋出讓人驚喜的「還有一件事……」。這次希勒和其他主管都沒有說出那句話，但這支新 iPhone 還有 Siri 個人助理沒秀給大家看。佛斯托爾向大家展示 Siri，就像幾個禮拜前他展示給賈伯斯看一樣。佛斯托爾強調這個 Siri 是「beta」版，還不是最後的成品，但已經可以讓廣大的消費者試用。Siri 的 beta 版，標示著蘋果已經悄悄改變過去的做法。首先，beta 版原本是 Google 愛用的一招，服務釋出後可以配合使用者的習慣再加以改良。第二是蘋果居然用了併購公司的商標名。在過去，蘋果併購一間公司、運用那間公司的技術時，會把那間公司變成蘋果的一部分，並重新命名原本的技術，像是行動廣告新創公司 Quattro 變成 iAd，串流音樂業者 Lala Music 則被納入蘋果的 iCloud 體系。寫出音樂播放器軟體的 SoundJam，早就讓位給 iTunes。Siri 卻不同。Siri 這家新創公司已經在二〇〇九年被蘋果買下，但名字卻留了下來。

那一年的十月四日將會永遠被記住。在那一天，蘋果竟然釋出 beta 版，讓一個產品在完美之前，就脫離蘋果的保護。在那一天，蘋果從黃金時代進入一個未知的時代（蘋果曾經釋出過beta產品，但並不是常態）。另外，還有其他小地方，也標誌著蘋果的轉變：那天站在台上的人並不是一個表演天才，而是一個來自IBM的人。此外，從前所有的產品名稱前面，都會被加上小寫的「i」（或許這個「i」代表著產品被「強行注入」〔inculcated〕蘋果體系），但那天蘋果竟然允許鎂光燈被其他公司的創意搶走。難道說「iAssistant」（i助理）這個名字被註冊走了嗎？就算已經被註冊走了，對蘋果來說有差嗎？（Siri是挪威文，意思是「帶你走向勝利的美麗女性」。）

本章可以繞著這樣的思考模式，繼續分析蘋果的過去與未來，不過我們最好就此打住。賈伯斯和Siri的研發團隊密切合作，投注很多的心力研發Siri。此外，賈伯斯在過去也主導過這一類較爲「演化式」而非「革命性」的事務。另外，雖然Siri對新iPhone 4S來說很重要，但Siri其實只是展現了蘋果最近的策略。蘋果最近的策略，是悄悄併購公司瞄準的人才和科技，然後把他們整合進蘋果的產品與服務（而不是直接買下已經成熟、可以帶來大筆營收的產品）。我們可以拭目以待。二〇一一年的時候，蘋果進行了幾次併購，但都沒有對外公布。過去的幾次併購行動，也都秘而不宣，例如二〇一〇年加拿大地圖開發商Poly9的併購案，可能是要讓手機地圖的產品與服務更上一層樓，但蘋果沒有透露細節。

以上說了這麼多，但一個無法迴避的問題，就是賈伯斯的離去留下了一個缺口。庫克在他的執行長處女秀上，看起來像是個能幹的人才，但缺乏與眾不同的氣質。他誠懇又具有說服力，但從他口中說出的話，聽起來像是在背稿（因爲的確是事先擬好的稿子），不像前任執行長在高台上佈道的時候，說出來的話帶有一股魔力。佛斯托爾跟庫克不同，他在說話的時候，眼睛會有亮光，而且科技迷一定注意到了，佛斯托爾在讚美 Siri 的時候，提到自己過去人工智慧的經歷。然而，他在展示 Siri 這個「小個人助理」的時候，他只問他知道 Siri 能夠回答的簡單問題。賈伯斯是否會故意問 Siri 困難的問題，讓 Siri 回答出讓人驚嘆但沒有幫助的答案，好顯示這個令人目眩神迷的技術其實有所限制？我們永遠都不會知道答案。

討厭大企業的人也愛蘋果

人們會讚頌賈伯斯不讓人意外，但沒有人預料到他去世的時候，世界各地的人都感到如同喪失了親密的友人。悼念他的幾百萬人中，沒有幾個人眞的見過他。他不是電影明星，也不是政治家，更不是運動員，但在蘋果的網站上，有一百萬人在專屬頁面上留言悼念他。許多母親帶著孩子到賈伯斯的家向他獻上致意——有一天，她們的孩子可以告訴她們的孫子，他們曾經與偉人短暫相遇。人們愛賈伯斯，人們甚至更愛他的公司，而且即使是對企業沒好感的人也是一樣。賈伯斯即將進入人生最後一章的時候，帶有無政府主義者色彩的人士，舉行了大規模的示威運動，抗議資本主義，尤其不滿華爾街。右翼的批評家開心地指出，抗議民眾用 iPhone 拍照，還用MacBook做文宣。蘋果式的資本主義還可以，高盛等投資銀行的資本主義就不太行了。

一家市值三千六百億美元的企業，居然會被認爲具有革命性，而不被嘲弄爲「掌權者」或「操弄國家的特權份子」，賈伯斯有直接的功勞。消費者感覺自己跟賈伯斯是一起的。庫克將會面臨一個艱鉅的矛盾任務，他一方面必須保住蘋果的市值，一方面又必須維持民衆對於蘋果產品的觀感。今日的蘋果是罕見的特例，蘋果享有很多人的支持，來自各地的消費者都對蘋果有特別的情感。蘋果搖搖晃晃離開賈伯斯的墓地時必須記住，消費者不會那麼容易就對一家公司死忠，像我自己就長期抱持著懷疑的論調。我後來會被收服，說明了賈伯斯是如何魅惑了這個世界。

蘋果起死回生的故事讓我特別有共鳴，因爲那段日子我恰巧就在矽谷工作。我在一九九七年的夏天搬到加州，開啓了一段在地方《聖荷西水星報》寫科技股票新專欄的日子。在那個時候，科技產業一片欣欣向榮，投資大衆從芝加哥移到加州（我本人就是最具體的例子。那個時候的芝加哥說到科技股，只有笨重的摩托羅拉巨人，其他就沒什麼了），泡沫剛要起來，全國都在推波助瀾。

E*Trade、DLJ Direct、嘉信（Charles Schwab）等網路折價券商，讓投資科技股變得很容易。不論是散戶或專業的投資者，都在搶新企業剛上市的股票，像是網景、亞馬遜、雅虎與Excite。微軟、英特爾、甲骨文、思科等資訊科技龍頭被視爲新經濟的引擎。昇陽（Sun Microsystems）、戴爾、康柏那時也在崛起。就連惠普也生氣勃勃（惠普的創始人在史丹佛校園附近的車庫起家，這家頑強的科技產品公司，從前是「矽谷」神話的強健支柱）。網路業的大順風，揚起了所有公司的帆。

蘋果沒有這種榮景，那個時候賈伯斯才剛回來，我的新老闆對賈伯斯的一舉一動都大驚小怪。蘋果把執行長艾米里歐踢出門的事上了頭條，微軟的蘋果投資也是。賈伯斯成爲臨時執行長的事，也被大報特報。當時的我實在想不透原因。我當然了解蘋果在矽谷當地很重要，蘋果的崛起是業界津津樂道的故事。許多地方報的讀者也都很喜歡讀蘋果的事，很多報紙訂戶都是蘋果優雅產品的忠實支持者，但蘋果是家鄉的弱雞隊，微軟則是強敵。雖然微軟和網景的瀏覽器大戰隔年才會登場，當時微軟已經成爲矽谷的死對頭。雖然蘋果很弱，新聞室的同仁以及矽谷的其他地方，還是會一起幫蘋果加油，順便噓一噓微軟這個來自西雅圖的大壞蛋。

在一片支持蘋果的叫嚷聲中，我的出現帶來了「非當局者」的觀點。我默默在一旁想著蘋果是否值得大家這樣支持。八年前我從大學畢業後，就沒用過 Mac。我自己花錢買的電腦是ＩＢＭ相容機（我跟捷威買的），裡頭灌的是微軟軟體。四年後我進入《財星》雜誌社工作的時候，雖然公司的編輯人員用的是 Mac，我還是要求他們給我一台ＰＣ，堅持用 Windows。

我並不是唯一拒絕蘋果的人，世界上的其他人也都用ＰＣ。蘋果是死忠支持者在用的，其他會用的人，只有藝術家和創意人士，另外還有就是教育界的人士（蘋果跟教育界建立了緊密的關係）。對於業界和一般的消費者來說，想要上網和算帳的時候，大家用的是ＰＣ。

然而，隨著時間的過去，我跟大家一樣開始使用一些蘋果產品。我把 iTunes 下載到ＰＣ上並同步我的 iPod。iPod 是繼隨身聽之後，我第一個喜歡的攜帶式音樂播放器。然後我又買了 iPod Touch 和其他的備用 iPod（我買了 iPod Nano、iPod Mini，甚至小小台、可以夾在襯衫衣領上的 iPod Shuffle 也買了）。後來我變成了一個沒事會去逛蘋果商店的人，我會到店裡欣賞優雅的機身，還會跟店員閒聊。最後我幫家裡買了一台 iMac，等於是在不知不覺中，成爲蘋果「Mac vs. PC」趣味廣告的主打客群。我跟著嘲弄又不酷、又複雜的ＰＣ，支持流行、簡約的 Mac。

儘管在一九九七年的那個夏天，矽谷對於蘋果的一舉一動都十分關注，但從後見之明來看，還是會讓人驚奇那個時候的蘋果有多無足輕重。賈伯斯很愛提他回蘋果的時候，蘋果曾經一度還有九十天就要破產，但在二〇一一年八月九日，蘋果首度超越艾克索美孚石油公司，成爲世界上最值錢的企業（市值三千四百二十億美元）。至於微軟，曾被憐憫的蘋果在一年前，就已經超越這個往日的敵手，而且市值差距快速拉大到超過一千億美元。二〇一一年的時候，微軟這個科技巨人還是很賺錢，但有點搖搖欲墜，看起來越來越不重要。

大部分的公司都只有一個市場切入點，只有一種吸引消費者的產品。從後見之明來看，我才看出我是如何在不知不覺之中，投向蘋果的懷抱，變成ＰＣ的叛徒。我的移情別戀，反映了現代美國企業最重要的一章。ＲＩＭ做智慧型手機，戴爾做電腦，小而無畏的加拿大公司

Kobo 做電子書閱讀器，蘋果卻在相關以及其他好幾個領域之中，都有殺手級的產品。現在回想起來，蘋果是用 iPod 讓我們上癮，我們現在全都活在蘋果的世界。蘋果面臨的挑戰，不再是尋找新的顧客，而是尋找可以研發什麼新產品來賣我們，讓我們目眩神迷。

執行團隊裡沒有創業家

失去賈伯斯後，蘋果是否還能一直維持在高峰？線索有兩個，第一個線索是蘋果的組織圖，第二個線索是蘋果如何對待夥伴與競爭者。近期之內，蘋果必須快速調適失去最關鍵人物的損失。進一步說，蘋果必須扭轉獨特的管理架構，找出如何才能把外面的企業人士迎進門，並培養他們，調整企業領導人去世時留下的空位。再不然，蘋果必須用某種神奇的方式，把目前的領導階層變成創業導向的主管。換句話說，蘋果有辦法從獨裁者變成孕育人才的地方嗎？

若以常理判斷，長期來說，在沒有賈伯斯的狀況下，蘋果是辦不到的。賈伯斯把自己看成一個創業家（他的死亡證明職業欄裡寫著「創業家」），他很喜歡創業家，他認爲這群人很特別。他會找出他們，跟他們碰面，然後給他們意見（就算是蘋果會擊敗的敵人也一樣）。在一個充滿蠢才的世界裡，創業家是英雄。從這個角度來說，蘋果今日的執行團隊裡，居然沒有半個創業家，眞是讓人意想不到。庫克是個來自 IBM 的傢伙（天啊！），佛斯托爾一輩子都爲賈伯斯做事。艾夫提供了出色的服務，甚至還教了賈伯斯這個客戶一兩件事，但雖然包裝紙也許是艾夫設計的，漢堡還是來自賈伯斯。

如此看來，後賈伯斯時代的蘋果，將是一間龐大的創業型企業，但裡頭的人大多不是創業家，公司也不鼓勵他們當創業家。蘋果在併購案後得到的創業人才，通常不會待超過幾年。Quattro 的米勒、Lala 的阮比爾（Bill Nguyen）、Siri 的達葛・吉特勞斯（Dag Kittlaus），雖然都曾在蘋果一展長才，但最後全都走了。蘋果只容得下一位創業家。今天在總裁辦公室裡教導蘋果主管的人，不是矽谷出生、矽谷培育的創業家，而是專教作古創業家的哈佛退休榮譽歷史教授，這當然會引起關切。

蘋果失去的東西，還包括賈伯斯一個不爲人知的特質：賈伯斯是個人脈很廣、善於蒐集資訊的人。如果眞的沒路走了，賈伯斯還可以成爲一名出色的記者。他每天都在打電話，只要聽說誰可能懂什麼好東西，他就會打電話要求碰面。當然，沒有人會拒絕跟賈伯斯見面，而賈伯斯會利用這樣的機會，得到各式各樣的資訊。賈伯斯對於企業和科技業潮流，有著不可思議的洞察力，這點絕非偶然，他其實費了很大的功夫蒐集市場情報。

一直到去世之前，賈伯斯都扮演著記者的角色。二〇一一年六月二十八日那天，他透過前奧多比執行長布魯斯・齊曾（Bruce Chizen），轉達他想要跟新創公司 Lytro 年輕執行長談話的意願（齊曾是 Lytro 的顧問）。Lytro 是消費者「光場」相機（light-field camera）的先驅，這種相機可以利用感應器，自動重新對焦模糊的照片。Lytro 相機是很有前途的突破性科技，iPhone 與

iPad 都有相機，蘋果當然對 Lytro 感興趣。Lytro 的執行長吳義仁（Ren Ng，譯音）是出色的電腦科學家，擁有史丹佛博士學位。吳義仁馬上打電話給賈伯斯，賈伯斯剛好在家，他接起電話，立刻就說：「你今天下午有空的話，也許我們可以碰個面。」三十二歲的吳義仁馬上衝到帕拉奧圖，向賈伯斯示範 Lytro 的科技，並跟他討論相機和產品設計的事。在賈伯斯的要求下，吳義仁同意用電子郵件列出三項賈伯斯希望 Lytro 和蘋果合作的事項。吳義仁回憶：「讓我印象深刻的是，他說話很清楚，眼睛炯炯有神，眼鏡有點從鼻子上懸空。我告訴他，iPad 給了我們很多靈感。他露出了一個眞心的微笑，顯然這句話說到他心裡了。」

蘋果其他的成員要不是太忙沒辦法聊天，就是被賈伯斯阻止跟其他人說話，以免他們搞不清楚自己的身分，沒辦法把全部的心力放在蘋果的工作上。佛斯托爾回憶賈伯斯說過一句話，大意是「不要讓佛斯托爾出辦公室」。佛斯托爾的確會出辦公室，但賈伯斯是講眞的。賈伯斯到處跟人社交，但蘋果主管必須好好待在公司裡。在巨大的隔音罩之下，封閉的系統很難接收外界的點子，賈伯斯可以提供蘋果點子，但他是唯一的例外。

還有其他挑戰在等著蘋果，特別是不管賈伯斯有多想抗拒這樣的說法，蘋果現在已經是一間複雜的大公司。蘋果的行銷手法仍然極度明確、聰明且有效，但從各個層面來說，蘋果都是一間販售多種產品的跨國公司。全公司所有產品可以放在同一張會議桌的日子已經過去了，就連從蘋果 Apple.com 首頁上方的產品選項都看得出來。整排的網頁頁籤寫著 Store、Mac、iPod、 iPhone、iPad、iTunes、Support（產品支援），的確是一目了然沒錯，但類別要比十年前的蘋果多太多了，蘋果同時要照顧這麼多的產品。

一間產品五花八門的公司，需要深度的管理。賈伯斯在的時候，蘋果的組織架構可以完美運作，但從賈伯斯離開的那一刻起，這個架構的弱點就已經顯露出來。多年來庫克都負責監督銷售，他一接任執行長，蘋果就已經在物色銷售長（Google 高階主管丹尼斯・伍德賽德〔Dennis Woodside〕在二〇一一年的秋天，拒絕了這個職位）。另外，過去蘋果由賈伯斯親自監督廣告事務，目前希勒已經接手這部分的責任，但希勒勢必會分身乏術，更何況他不是靠廣告起家的，專長是產品行銷。蘋果已經試著在做有意義的大幅度調整。庫克成爲執行長的幾個禮拜後，曼斯菲德的頭銜已經拿掉了「Mac」這個字，表示他的責任也包括了電子裝置工程。Mac 的軟體長葛瑞格・費德里希（Craig Federighi）原本直接向賈伯斯報告，現在則向庫克報告，但佛斯托爾是蘋果的軟體之王，他的職務必須有清楚的劃分，像是正式把所有軟體都歸到他下面。

此外，賈伯斯的辭世也讓蘋果董事會再次失去主席。他去世一個月後，從前也當過執行長的共同領導董事李文森，成爲董事會主席。同一時間，迪士尼的執行長羅伯・伊格（Robert Iger）加入蘋果的董事會，蘋果和迪士尼之間的關係變得更加緊密。

關鍵的蘋果手法將會面臨壓力。二〇一一年十月的時候，蘋果的盈餘稍微不符華爾街預期。公司把 iPhone 4 銷售下滑的原因，歸咎 iPhone 5 即將上市的謠言。讓謠言影響銷售，不是從前的蘋果會做的事，甚至是前所未聞。另外，從前蘋果的員工（以及「前員工」）會把嘴巴閉緊的原因，是害怕賈伯斯會給他們好看，但以後蘋果的口風會越來越鬆。

在一個沒有賈伯斯的世界，蘋果將如何調整公司的公關策略，也將是個有趣的觀察點。蘋果坐擁金山，想要繼續買任何雜誌的封底廣告都沒問題，這話絕不誇張，但蘋果已經失去登上雜誌封面的最佳資源。在近期的未來，蘋果想要什麼，新聞媒體還是會乖乖配合。不管有沒有賈伯斯，蘋果的報導都會是搶手新聞，但現在已經沒有賈伯斯的「現實扭曲力場」了，最終記者會對蘋果小氣的公關做法感到不滿。

蘋果的夥伴越來越熟悉蘋果用在思科、眾家電信公司，以及其他無數公司身上的手法後，自然也不會再忍受蘋果。五年後的今天，還會有執行長會願意花好幾天的功夫練習三分鐘的簡報，最後的獎賞卻不是賈伯斯當聽眾？聽起來不太可能。諷刺的是，蘋果將要面對矛盾的形象問題。賈伯斯死後，全世界展現了排山倒海的敬意，但蘋果家族卻對作家艾薩克森表達了強烈的不滿。賈伯斯授權艾薩克森爲他做傳，書在賈伯斯去世後十九天出版，對於賈伯斯的黑暗面毫不隱晦。蘋果也會面臨類似的命運。顧客愛蘋果，是因爲蘋果的產品讓他們欣喜，但無所不在的蘋果，也會漸漸讓更多故事跑出來，像是蘋果對待合作夥伴和員工的方式有多粗魯。這些事情將不只是業界會知道，大眾也會知道這些事。

由於蘋果必須面對這些複雜的議題，毫無疑問的，蘋果將會繼續違反許多商學院所教導的管理原則。然而，蘋果要如何迎向未來，答案將不太可能出於企業思考。最好的答案可能藏在神學裡，因爲一個眞實的信仰體系不同於偶像崇拜。信仰體系在創始人去世後，仍然會繼續流傳下去。雖然就連賈伯斯的朋友和仰慕者都懷疑，賈伯斯曾經邪惡地幻想，要是沒有他在背後操控，事情會再度完蛋，但賈伯斯的確希望，蘋果的價值在他死後可以流傳下去。

蘋果的確可以想辦法讓自己繼續走下去，但這家在電腦、智慧型手機、ＭＰ3播放器等各領域都掀起革命的公司，必須願意先革自己的命。要改變全世界市值最大的公司並不是一件簡單的事。如果說蘋果公認的驚人產品線是幫助公司的順風，那麼「如果東西沒壞就不用修」的思考邏輯，在未來的幾年將會是一股逆風，可能帶來巨大的傷害。

蘋果的主管必須學會不要問「賈伯斯會怎麼做？」，他們應該做他們認爲最好的事。事實上，庫克在一場員工爲賈伯斯辦的紀念會上提過，賈伯斯在去世之前曾經告訴他：「永遠不要問他會怎麼做，只要做自己認爲對的事就好。」如果在品味或是軟體架構等方面，庫克不打算什麼都由他來做最後的定論，那他就得指定負責人。要不然的話，蘋果會四分五裂。要是賈伯斯在，不可能允許公司變成那樣。如果蘋果眞的想要繼續表現得像是一家新創企業，就必須改變傲慢與強勢的作風，變得更加小心翼翼與尊重他人。要不然的話，蘋果不可避免會變得越來越像微軟。現在的微軟，變得太像賈伯斯拒絕用在軟體包裝上的那隻雪豹：又肥又懶。

不再是「瘋狂美好」的公司？

蘋果在賈伯斯去世後的幾個禮拜之中，舉辦了好幾場追思會。蘋果官網 Apple.com 放上了攝影大師亞伯特・華特（Albert Watson）在二〇〇六年替《財星》拍的賈伯斯肖像照，並讓那張照片成爲首頁唯一的照片。照片上的賈伯斯，手輕輕捻著臉上灰色的鬍子。他具有穿透力的凝視，炯炯有神地看著攝影機。二〇一一年十月七日，賈伯斯的喪禮在帕拉奧圖「阿爾塔梅薩紀念公園」舉行，只有四名蘋果員工代表出席：庫克、艾夫、庫埃、科頓。皮克斯的創辦人卡特慕爾（Ed Catmull）、迪士尼的執行長伊格、賈伯斯的老友賴瑞・畢林（Larry Brilliant）與康貝爾、前英特爾執行長葛洛夫也出席了。賈伯斯的家人在十月十六日那天，在史丹佛大學舉辦了一場私人紀念儀式，U2樂團主唱波諾、美國前正副總統柯林頓和高爾、蘋果的高階主管與元老都來了。十月十九日那天，蘋果在「無限迴圈路一號」舉辦員工追思會。酷玩樂團和歌手諾拉・瓊絲在追思會上無酬獻唱，全美的蘋果商店也同步播放這段追思會。

庫克在十月十八日那天召開季度法說會，那時離賈伯斯去世不到兩個禮拜。庫克先是發表了一段感言：「這個世界失去了一位充滿遠見與創意的天才，也失去了一個讓人感懷的人。賈伯斯是偉大的領袖和導師，他鼓舞蘋果的每一個人往卓越邁進。他的精神永遠會是蘋果的基石，我們會盡我們的力量，繼續推動他心愛的美好事業。」庫克感謝所有慰問他們的人，然後開始報告最重要的蘋果財務數字。

賈伯斯先是創立了蘋果，然後又拯救了蘋果。現在蘋果的執行長變成庫克。庫克在回答最世俗的問題時，讓人看到他將會是個什麼樣的管家。近年來，蘋果每次召開法說會的時候，投資者都會問蘋果是否考慮以股利等形式，把部分現金還給投資者。這個問題已經像是一個一直出現又很難笑的笑話：投資人眞的很想要股利，但除非他們把股票賣掉，他們是拿不到錢的。十月的那次法說會上，股利的問題又出現了，但這次庫克有了不一樣的回答。他告訴大家：「我對於要抱住現金還是不抱，沒有任何成見。很多事我都有信條，但這件事上我沒有。我們會繼續問自己，怎麼做對蘋果來說才是最好的。我們永遠都會做我們相信對蘋果來說是最好的事。」庫克沒有繼續說明他對於哪些事有信條，但蘋果不是一種宗教，蘋果只是一家有著一套深刻公司價值、追求卓越、不斷創記錄、沒有敵手的優秀企業。

我在這一章前面的段落提到，依常理判斷，賈伯斯的離開最終對蘋果來說，將會是無法彌補的傷害。沒錯，蘋果在未來，很可能不會再是一家「瘋狂美好」的公司。這會慢慢一點一滴發生，蘋果可能會在不知不覺中走下坡。蘋果可能會推出某個不讓消費者驚喜的產品，資深管理團隊的某個成員可能會離開蘋果，然後又有另一個跟著離開。蘋果將會面臨一大堆的問題，而且全世界都用放大鏡看蘋果如何保持連勝的記錄。蘋果曾經靠著讓人目不轉睛的廣告、時機經過精準計算的產品上市會，成功引開大衆的注意力。以前一切的事都藏在幕後，現在布幕已經稍微拉開，我們看到眞實的男男女女，爲了讓蘋果不停運轉，每個人瘋狂地工作。顧客太過期待蘋果每一次的新產品了，雖然蘋果能夠保持秘密的作風，不讓外界知道每一次的上市細節，但顧客的高度期待，還是會讓銷售有些微的影響。

不過，在這裡憑空猜測蘋果的失敗，有點偏離主題了。蘋果以前也失敗過很多次，包括賈伯斯第二次重掌蘋果兵符期間。如果眞如賈伯斯所說，Apple TV 只是「順便玩玩」，那麼蘋果這個非常集中公司精力的企業，一開始爲什麼會研發這項產品？MobileMe 和 iPhone 4 的問題天線代表蘋果走下坡了嗎？不太算。蘋果失去費德爾、特凡尼安、強森等明星大將的時候，代表蘋果遇到挫敗了嗎？的確是，但公司仍然繼續運作。公司就跟人一樣，並不完美。賈伯斯不一樣的地方，只是他擅長讓大眾專注在蘋果美好的一面，忽略壞的地方。

如果蘋果只是一家美好的公司，不是一家「瘋狂美好」的公司，人們會感到失望，但其實會失望的人，只有一路上都要求蘋果精益求精的忠實支持者。對於其他人來說，大家對於蘋果的期待一直沒那麼高，在未來很長的一段歲月，我們仍會購買「只是美好」的產品。

曾經有人說過，蘋果做生意的方法是如此與眾不同，蘋果就像是一隻大黃蜂一樣：理論上飛不起來，但實際上卻會飛。在接下來的日子裡，蘋果會繼續飛下去。然而，蘋果究竟是怎麼飛起來的，這其中的秘密，才正要被解開。

致謝

我有幸能夠在《財星》雜誌工作，我的同事是這個世界上最優秀、最聰明、最努力也最親切的財經記者。「時代」出版集團總編輯長約翰・惠伊（John Huey）是狂熱的蘋果迷，也是熱愛「說」與「聽」好故事的記者。他祝福我，鼓勵我寫完這本書。《財星》編輯安迪・索爾（Andy Serwer，也就是我的上司）想出最初的點子，他要我寫一篇文章，最後那篇文章發展成這本書，而且他還慷慨地讓我請假，讓我有時間寫書。安迪的優點說不完，他是一位有遠見的編輯，而且是能夠鼓舞下屬、體貼下屬的領導人。能爲他主編的雜誌撰稿是我的榮幸。史蒂芬妮・梅塔（Stephanie Mehta）用著冷靜的手與明察秋毫的眼睛，編輯了我的初稿。史蒂芬妮就跟本書描述的某位蘋果主管一樣指揮若定，我很感謝她的指導，也感謝她的友誼。要是沒有《財星》眾多前同事與現任同事的支持與協助，我的記者生涯不可能走到今天，我要感謝的人很多，以下僅僅提到幾個人的名字：科克嵐（Rik Kirkland）、德澤里（Rick Tetzeli）、普利（Eric Pooley）、吉爾曼（Hank Gilman）、艾里（Jim Aley）、法查維（Nick Varchaver）、歐吉夫（Brian O'Keefe）、羅斯（Daniel Roth）、歐布來恩（Jeffrey O'Brien）、赫爾夫特（Miguel Helft）、亨佩爾（Jessi Hempel）、加拉格爾（Leigh Gallagher）、阮戈德（Jennifer Reingold）、迪爾（Mia Diehl）與哈里斯（Armin Harris）。

幫忙尋找本書資料的朵麗絲・博克（Doris Burke）是這個領域最優秀的偵探。如果沒有她充滿熱情、鉅細靡遺、兢兢業業的協助，我沒辦法完成這本書，也沒有辦法寫出我在過去五年發表的任何東西。李查・涅法（Richard Nieva）在這本書快要完成的時候，加入這個出版計畫，他也秉著熱忱，迅速地協助調查關鍵資料。

我要感謝蘋果的科頓與史帝夫・道林（Steve Dowling），在二〇一一年間，他們總是和善地對待我，我有任何問題，他們都盡量回答。他們的專業能力讓我感到敬佩，我要謝謝他們。

好幾本書幫助我了解蘋果的歷史，以及蘋果的領導方式與本質，包括：麥考比的《有生產力的自戀者：誰輸誰贏》（*Narcissistic Leaders: Who Succeeds and Who Fails*）、莫瑞茲的《賈伯斯爲什麼這麼神：唯一授權後卻反目的第一手傳記》（*Return to the Little Kingdom: How Apple and Steve Jobs Changed the World*）、大衛・普萊斯（David Price）的《皮克斯傳奇》（*The Pixar Touch: The Making of a Company*）、多伊奇曼的《創意魔王賈伯斯》（*The Second Coming of Steve Jobs*）。

作家若能遇上艾斯蒙・哈姆斯沃斯（Esmond Harmsworth）這樣的經紀人與約翰・布洛狄（John Brodie）這樣的編輯，眞可說是幸運至極。二〇〇六年我發表一篇 Google 的封面故事後，艾斯蒙首先找上我，希望我能寫一本關於 Google 的書。我一直沒寫，但他具有感染力的熱情啓發了我。我常常說，要是有一天我寫了一本書，可能只是爲了要讓艾斯蒙開心。他爲這本書提出睿智的意見。

約翰是我在《財星》的同事，可惜我們只短短共事幾年，我應該早點碰到他。他詼諧、充滿文化氣息，只要在他身邊，就能感受到生氣勃勃的力場，跟他一起工作是很快樂的事。約翰具備一切編輯應有的特質：他會拿鞭子催促你工作但不吝於讚美，他會提供建議但讓我自己做決定。遇到難關的時候，他會鼓勵我，讓我前進。我非常清楚地知道，他對於這本書有極大的貢獻，我非常感謝他。雖然如此，我還是要爲這本書每一頁最終的定稿文字，負全部的責任。

作家的朋友與家人，總是難以抉擇下面哪件事比較糟：是作家總是忙著寫書，忽略了身邊的人，還是作家會因爲旁人好心詢問寫作進度，給他們凶惡的白眼。我要感謝許許多多的朋友，他們在我開始寫這本書之前，以及寫書期間，一直支持、鼓勵著我，想辦法讓我保持好心情。我要感謝古斯坦（Chuck Coustan）、杜貝（Jamie Dubey）、紐曼（Michael Newman）、里希特（David Richter）、堪薩斯（Dave Kansas）、葛洛斯（Daniel Gross）、宗姆（Scott Thurm）、康貝爾（Bill Campbell）、斯密史（Quincy Smith）、紐敦（Jennifer Newton）、尼德漢（John Needham）、德魯和斯蒂芬妮・赫斯（Drew and Stephanie Hess）、貝可和福里曼（Pam Baker and Doug Friedman），以及福林格和唐納森（Oliver Fringer and Krista Donaldson）。

我的姊姊寶拉（Paula Lashinksy）和艾美（Amy Lashinksy）在好奇與刺探隱私之間保持了平衡，她們對於自己的小弟感到驕傲，也諒解我不能抽出時間陪她們。我的父親伯納（Bernard Lashinksy）一直是我最認眞的讀者，也是我最忠實的擁護者，他是我這一生的模範。從小他就告訴我，能被稱爲一個「好人」，是一個人一輩子能得到的最高榮譽。老爸，你是一個超級大好人，我愛你。

我要把這本書獻給我生命中老中青三代的女人。我的母親瑪西雅莫利斯（Marcia Morris Lashinsky）總是用愛的話語來教育我，讓我尊敬書本，而且無條件地愛我。我相信她會想要一台 iPad，然後我會珍惜她給這本書的評語，可惜我只能在這裡懷念她。我的太太露絲・克西納（Ruth Kirschner）是我的夥伴，我有什麼事都會跟她商量。我們都是一根蠟燭兩頭燒的人，除了找時間好好相處外，必須同時應付兩份工作。雖然我們甘之如飴，但我因此更加感激前一段時間我必須躲起來完成這本書的時候，她能夠體諒我。最後，是我五歲的女兒莉雅（Leah），她是家裡最晚加入的成員。從她出生的那天起，我就唸書給她聽。每天看著她，可以提醒我什麼才是人生最重要的事。

作者後記

由於蘋果的運作方式跟其他公司都不同，要揭露蘋果的秘密不是一件簡單的事。保持神秘是蘋果人的生活中非常重要的面向，公司拒絕讓任何一位主管或員工接受訪談。幸好，有幾位曾在蘋果工作過的人（從高階主管到一般員工都有），以及曾經跟蘋果合作過的人士，同意為了這本書跟我聊一聊。據我所知，他們接受我訪談前都不曾從蘋果得到准許。幫助我的人士之中，好幾位接受過公開訪談，因此書裡有提到他們的名字。其他同意協助我的人則選擇匿名。我訪問過的前蘋果員工，絕大部分都告訴我他們熱愛蘋果，而且希望我描寫公司美好的一面。他們十分清楚，其實蘋果根本不希望被攤在陽光底下。在這個產業，每個人都希望有一天能跟蘋果合作，或是能夠在裡頭工作，我了解他們為什麼會擔心蘋果可能採取報復手段。奇怪的是（至少對我這種不是每天待在蘋果世界裡的人來說很奇怪），有些蘋果的前員工、現任與前合作夥伴，即使是說蘋果的好話，也不願意我放上他們的名字，好像他們會被貼上批評蘋果的標籤一樣。

只要有可能，我會盡量附上受訪者的名字。如果沒辦法的話，我會描述他們負責的工作或資料出處。如果我直接引用賈伯斯與庫克的談話，沒有另做說明，代表我對那些評論有第一手或第二手的認識。雖然我在爲這本書進行訪談的時候，聯絡過賈伯斯和庫克，但不管是這本書，或是最初登在《財星》上的文章，他們兩人都不曾答應讓我正式採訪。

國家圖書館出版品預行編目資料

蘋果內幕 / Adam Lashinsky著 ; 許恬寧譯.
-- 初版. -- 臺北市 : 大塊文化, 2012.08
面 ;　公分. -- (from ; 83)
譯自 : Inside Apple : how America's
most admired-and secretive-company really works
ISBN 978-986-213-350-7(平裝)

1.蘋果電腦公司(Apple Computer, Inc.)
2.電腦資訊業 3.組織文化 4.職場成功法

484.67　　101012998

LOCUS

LOCUS

LOCUS

LOCUS